ULTRA-STRUKTURCHEMIE

EIN LEICHTVERSTÄNDLICHER BERICHT

VON

ALFRED STOCK

ZWEITE, DURCHGESEHENE AUFLAGE

MIT 17 TEXTABBILDUNGEN

BERLIN
VERLAG VON JULIUS SPRINGER
1920

ISBN-13: 978-3-642-98190-6 e-ISBN-13: 978-3-642-99001-4
DOI: 10.1007/ 978-3-642-99001-4

DEM ANDENKEN

EMIL FISCHERS

Der folgende Bericht ist der Inhalt einer September 1919 in den Farbwerken vorm. Fr. Bayer & Co. in Leverkusen gehaltenen Vortragsreihe. Einleitung.

Als mich Herr Geheimrat Duisberg bat, den Chemikern der von ihm geleiteten Werke über die wichtigsten neuen Ergebnisse aus dem Gebiete der Chemie zu berichten, war ich hinsichtlich der Wahl des Gegenstandes keinen Augenblick im Zweifel: Es konnten nur die verblüffenden Fortschritte sein, welche unsere Kenntnis vom Feinbau der Materie trotz der Kriegszeit neuerdings gemacht hat. Hauptsächlich durch die Arbeit von Physikern ist hier ein Gebiet erschlossen worden, in dem schon viele Blüten und Früchte, aber noch mehr verheißungsvolle Knospen prangen; ein Wundergarten, von welchem die Mehrzahl der Chemiker bis jetzt wenig weiß, dessen Besuch aber gerade ihnen Anregung und Genuß überreich bieten kann. Allerdings ist es für den Chemiker, dem es an Muße mangelt, der Wissenschaft verschlungenen Pfaden zu folgen, nicht ganz leicht, diesen Garten zu betreten; denn der Weg geht durch die Dornen theoretischer physikalisch-mathematischer Arbeiten. Der folgende kleine Führer sucht diese Dornen beiseitezuschieben und die experimentellen Gesichtspunkte in den Vordergrund zu rücken. Er bemüht sich zugleich, das Wesentliche aus der Fülle der Einzelheiten herauszuheben und die geschichtliche Entwicklung der Dinge zu beleuchten.

Für diejenigen Leser, welche tiefer in den Gegenstand eindringen wollen, sind einige dafür geeignete Schriften am Schlusse zusammengestellt.

Der Titel „Ultra-Strukturchemie“ erklärt sich wohl selbst. Wie die Ultra-Mikroskopie das Reich des Kleinsten jenseits der gewöhnlichen Mikroskopie, so umfaßt die Ultra-Strukturchemie das Reich der allerfeinsten Bausteine des Stoffes, die Lehre von der Struktur der Atome und Moleküle, jenseits der bisherigen Strukturchemie.

Ältere Ansichten über das Wesen der Materie.

Seit uralten Zeiten ist es der Menschen Trachten, Einblick in das Wesen der Materie, des Stoffes der unseren Sinnen zugänglichen Welt, zu gewinnen. Früher versuchte man es auf den flüchtigen Schwingen der Phantasie. Seit einigen Jahrhunderten bevorzugt man den sichereren, doch langsamen und steinigen Weg sorgfältiger experimenteller Forschung.

Die Chemie hat das größte theoretische und auch praktische Interesse am Studium dessen, was man mit einem jener Worte, die sich „einstellen, wo Begriffe fehlen", „Stoff" oder „Materie" nennt. Die Änderungen der Materie bilden ja ihr Arbeitsgebiet. Als ich in den neunziger Jahren studierte, glaubten die meisten Chemiker wohl, die Lehre von der Materie habe in der herrschenden Atom- und Molekulartheorie ihre befriedigende und im wesentlichen endgültige Form gefunden. Ein gründlicher Irrtum! Heute sehen wir, daß diese Wissenschaft erst am Anfange ihrer Entwicklung steht, zu frischem Leben erweckt zumal durch die glänzenden Fortschritte der physikalischen Untersuchungsverfahren.

Altertum und Mittelalter hatten keine chemische Wissenschaft im Sinne unserer Zeit. Das heute so selbstverständlich erscheinende voraussetzungslose Experiment war etwas Unbekanntes. Ein Aristoteles hätte kaum Verständnis gehabt für Baeyers die jetzige Anschauung kennzeichnendes Wort „Meine Versuche habe ich nicht angestellt, um zu sehen, ob ich recht hatte, sondern um zu sehen, wie die Körper sich verhalten." Aus philosophischen, möglichste Einheitlichkeit der Auffassung anstrebenden Erwägungen heraus schuf man sich sein Bild von der Materie, die man auf einen oder einige Urstoffe zurückführte; auf einen, wie auf das Feuer (die alten Perser, Heraklit), das Wasser (Ägypter, Thales), die Luft, die nach Anaximenes durch Verdünnung und Verdichtung Feuer und alle flüssigen und festen Stoffe entstehen lassen sollte. An mehrere Urstoffe, Feuer, Wasser, Luft und Erde, glaubte z. B. Empedokles. Die ähnlichen Ansichten des Aristoteles übten mehr als anderthalb Jahrtausende hindurch herrschenden Einfluß aus. An sie erinnerten noch die „Prinzipien" mercurius, sal, sulfur (Quecksilber, Salz, Schwefel), die nach der Meinung der Alchemisten den verschiedenen Stoffen zugrunde liegen sollen.

Die Atomtheorie der Alten.

Schon die Alten stritten sich über den Bau der Materie: ob sie etwas den Raum stetig Erfüllendes sei oder ob sie aus kleinen, voneinander durch Zwischenräume getrennten Teilchen bestehe. In unseren Lehrbüchern der Chemie finden wir die Atomtheorie des Leukippos und seines Freundes und Schülers Demokritos als Vorläuferin der Daltonschen Atomtheorie genannt. Sie sah die letzten Bausteine der Materie in den „Atomen" (ἄτομος, unzerteilbar), winzigen, nicht mehr zu zerlegenden, starren, im leeren Raum schwebenden und gegeneinander beweglichen Gebilden, und erklärte mit deren Hilfe die Erscheinungen des Windes, der Wellen, des Schmelzens, Verdampfens, der Wärmeausdehnung usw.

Entwicklung des Elementbegriffs.

Seit etwa drei Jahrhunderten traten allmählich die Anschauungen auf den Plan, denen die Chemiker noch heute anhängen. Auf van Helmont, den Anfang des 17. Jahrhunderts wirkenden Schöpfer des Wortes „Gas", läßt sich die Ansicht zurückführen, daß chemische Stoffe andere einfachere, daraus zu gewinnende „enthalten", daß z.B. Kupfervitriol „Kupfer enthalte", eine Ausdrucksweise, welche noch in unseren Tagen manches Mißverständnis hervorruft. Boyle hatte, wenig später, schon den heutigen entsprechende Vorstellungen über die chemischen „Grundstoffe" oder „Elemente". Er bezeichnete als Element einen chemischen Stoff, den die Chemie mit ihren Hilfsmitteln nicht weiter zerlegen kann. Seine Auffassung drang aber zunächst nicht durch.

Stöchiometrie.

Es kam die Zeit Lavoisiers, der messenden und wägenden Chemie, der Entdeckung der grundlegenden chemischen Naturgesetze, die in ihrer Einfachheit und Strenggültigkeit den physikalischen Grundgesetzen der Gravitation usw. an die Seite traten und aus der Chemie erst eine exakte Wissenschaft machten. Noch Berthollet (1748—1822) nahm an, daß die chemischen Verbindungen ihre Bestandteile in beliebigen, wechselnden Verhältnissen enthalten könnten. Gleichzeitig schon veröffentlichte unser Landsmann J. B. Richter (1792) seine „Anfangsgründe der Stöchiometrie oder Meßkunst chemischer Elemente" unter dem biblischen Leitsatz „Gott hat alles nach Maß, Zahl und Gewicht geordnet".

Daltons Atomtheorie.

1802 stellte Dalton die neue, auf das Experiment und die daraus abgeleiteten Gesetze gegründete Atomtheorie auf. Die große, vor allem auch für die praktische und technische Chemie geltende Bedeutung der (relativen) Atomgewichte veranlaßte die Forscher, diese mit möglichster Genauigkeit durch sorgfältige Analysen reiner einheitlicher Stoffe oder nach physikalischen Verfahren zu bestimmen (Berzelius, Stas, Richards, Guye u.a.).

Molekulartheorie.

Ihre Ergänzung fand die Atomtheorie durch die anfangs von den Chemikern nicht nach Gebühr beachtete Molekularhypothese Avogadros (1811). Auf die Entwicklung der Strukturchemie, welche die Anordnung der Atome in den Molekülen zu ergründen sucht, und der Lehren vom Wesen der chemischen Bindung, der Affinität und der Valenzen wird später noch zurückzukommen sein.

Prouts Hypothese.

Bald nachdem man Klarheit darüber gewonnen hatte, daß es gewisse einfache, nicht weiter zu zerlegende chemische Stoffe, eben die Elemente, gab, stellte man Vermutungen über einen etwaigen genetischen Zusammenhang zwischen diesen chemischen Grundstoffen an. Die Meinungen waren sehr verschieden. Boyle sprach schon die Ansicht aus, daß alle Elemente aus einem Urstoff beständen. Berzelius dagegen glaubte noch fast zweihundert Jahre später, sie hätten nichts miteinander gemein. Die Erkenntnis, daß die Atomgewichte vieler Elemente, wenn man sie auf die Einheit des Wasserstoffatomgewichts bezieht, ganze Zahlen wurden, führte den Londoner Arzt Prout zu der Annahme (1815), daß alle Atomgewichte Vielfache vom Atomgewicht des Wasserstoffs seien und daß man im Wasserstoff den Urstoff aller anderen Atome erblicken müsse. Zwar hielt Prouts Hypothese nicht mehr stand, als man die Atomgewichte mit größerer Genauigkeit bestimmen lernte und es sich dabei zeigte, daß einzelne auf die Wasserstoffeinheit bezogene Atomgewichte zweifellos keine ganzen Zahlen waren, ja daß gewisse Atomgewichte, wie z. B. dasjenige des Chlors (35,5), fast genau mitten zwischen ganzen Zahlen lagen. Man suchte die Hypothese in geänderter Form zu retten, indem man einen feineren Urstoff vom Atomgewicht 0,5 oder sogar 0,25 annahm, ohne aber auch so den Zwiespalt zwischen Theorie und Experiment vermeiden zu können. Ebenso erfolglos waren spätere Versuche, den Kohlenstoff und Wasserstoff, den Äther, das Helium als Urstoffe einzuführen.

Bestehen die Atome aus kleineren Bausteinen?

Aber auch heute kann man sich der Erkenntnis nicht verschließen, daß in der Proutschen Hypothese ein wahrer Kern stecken muß. Ist es doch allzu auffällig, wie viele Atomgewichte annähernd ganze Zahlen sind; weit mehr, als es der Fall sein dürfte, wenn die Atomgewichte regellos über das Gebiet der möglichen Zahlenwerte verstreut wären. Man betrachte z. B. die (jetzt bekanntlich auf das gleich 16 gesetzte Atomgewicht des Sauerstoffs bezogenen) kleinsten Atomgewichte, wie sie sich aus den neuesten Bestimmungen ergeben:

H 1,008 He 4,0 Li 6,94 Be 9,1 B 11,0 C 12,005 N 14,01 O 16,00 F 19,0
Ne 20,2 Na 23,00 Mg 24,32 Al 27,1 Si 28,3 P 31,04 S 32,06 Cl 35,46.

Daß von diesen 17 Werten sich 13 bis auf ein Zehntel ganzen Zahlen nähern, kann kein „Zufall" sein und läßt sich kaum anders deuten, als daß die Atome gemeinsame Bausteine gleicher Masse enthalten.

Gegen die ursprünglich angenommene absolute Unveränderlichkeit und Starrheit der Atome und für ihren zusammengesetzten Bau sprachen schon seit längerer Zeit optische Erscheinungen, wie die unter gewissen Bedingungen, z. B. in der Bunsenflamme, zu erhaltenden, für die Atome eines jeden Elements charakteristischen Lichtausstrahlungen, die man nur durch Schwingungen von Atomteilen erklären konnte.

Sind die Elemente ineinander umzuwandeln?

Setzt man voraus, daß verschiedene Atome aus gleichartigen Bestandteilen aufgebaut sind, so ergibt sich alsbald eine Frage von höchster praktischer Bedeutung: Lassen sich die verschiedenen Atome, d. h. Elemente, ineinander umwandeln? Unsere mittelalterlichen Fachgenossen, die Alchemisten, hielten die Bejahung dieser Frage, die Möglichkeit der „Transmutation" von Elementen, für selbstverständlich und bemühten sich jahrhundertelang um die Auffindung der für die Transmutation nötigen Reagenzien, des Steins der Weisen, des großen Elixiers, der roten Tinktur, des Magisteriums, Universale, Fermentum, der Quinta Essentia oder wie die schönen Namen sonst lauteten. Nach den zuverlässigen Nachrichten, welche auf uns gekommen sind, muß man füglich bezweifeln, daß den Alchemisten trotz ihres heißen Bemühens eine Transmutation jemals wirklich gelungen ist. Auch eine in neuerer Zeit beschriebene Elementverwandlung, von Phosphor in Arsen, Bor in Silizium usw., erwies sich als trügerisches Erzeugnis mangelhafter Experimente. Ebensowenig hat die „Evolutionstheorie" des englischen Astronomen Lockyer sich durchzusetzen vermocht, die aus der spektralanalytischen Beobachtung der verschieden heißen Sterne den Schluß zog, daß bei den höchsten Temperaturen nur die einfachsten Atome und Atombestandteile (Wasserstoff, „Protokalzium", „Protomagnesium", Sauerstoff usw.) existierten und daß sich diese bei der Abkühlung allmählich zu den komplizierteren Atomen verdichteten.

Vorläufer des periodischen Systems.

Bedeutungsvoll für die Frage nach einem genetischen Zusammenhang zwischen den einzelnen Elementen sind die Beziehungen zwischen der in den Atomgewichten zum Ausdruck kommenden Masse und den chemischen und physikalischen Eigenschaften der Atome. Gewisse Zusammenhänge dieser Art wurden schon vor hundert Jahren erkannt. Goethes chemischer Berater **Döbereiner** machte 1817 auf die „Triaden“ aufmerksam, Gruppen von je drei chemisch ähnlichen Elementen, bei welchen das Atomgewicht des einen das arithmetische Mittel der Atomgewichte der beiden anderen ist; z. B. Kalzium (Atomgewicht: 40), Strontium (88,5), Barium (137);

Periodisches System der Elemente nach Mendelejeff (ergänzt).

Reihe	Gruppe 0	Gruppe I	Gruppe II	Gruppe III	Gruppe IV	Gruppe V	Gruppe VI	Gruppe VII	Gruppe VIII
	—	—	—	—	RH_4	RH_3	RH_2	RH	Höchste Wasserstoffverbindung
	R	R_2O	RO	R_2O_3	RO_2	R_2O_5	RO_3	R_2O_7	RO_4 Höchstes Oxyd
1		1 H							
2	He 4	Li 7	Be 9	B 11	12 C	14 N	16 O	19 F	Erste kleine Periode
3	Ne 20	Na 23	Mg 24	27 Al	28 Si	31 P	32 S	35,5 Cl	Zweite kleine Periode
4	A 40	K 39	Ca 40	Sc 45	Ti 48	V 51	Cr 52	Mn 55	Fe 56 Co 59 Ni 59
5		64 Cu	65 Zn	70 Ga	72 Ge	75 As	79 Se	80 Br	Erste große Periode
6	Kr 83	Rb 85	Sr 88	Y 89	Zr 91	Nb 94	Mo 96	—	Ru 102 Rh 103 Pd 107
7		108 Ag	112 Cd	115 In	119 Sn	120 Sb	128 Te	127 J	Zweite große Periode
8	X 130	Cs 133	Ba 137	La 139	Ce usw. 140—178	Ta 182	W 184	—	Os 191 Ir 193 Pt 195
9		197 Au	201 Hg	204 Tl	207 Pb	208 Bi	—	—	Dritte große Periode
10	Em 222	—	Ra 226	—	Th 232	—	U 238		

88,5 ist $= \frac{40 + 137}{2}$. Ihren vollkommensten Ausdruck fanden solche Gesetzmäßigkeiten im natürlichen oder periodischen System der Elemente von Lothar Meyer und von Mendelejeff (1869). Vielerlei Arbeiten hatten diese Entdeckung vorbereitet. Als die wesentlichsten nenne ich die 1843 von Gmelin auf Grund chemischer Ähnlichkeiten aufgestellte Elementtafel, die manche Anklänge an das periodische System zeigt, und die Zusammenstellungen der Elemente von de Chancourtois (1862), von Lothar Meyer selbst (1864) und von Newlands (1863—1866; „Gesetz der Oktaven"). Das Wesen des periodischen Systems, welches hier (S. 6) nach Mendelejeff, nur ergänzt durch seitdem entdeckte Elemente wiedergegeben ist, besteht bekanntlich darin, daß alle Elemente nach steigenden Atomgewichten angeordnet werden und daß nach einer gewissen Zahl von Elementen („Perioden" von anfangs acht, später mehr Elementen; „kleine" und „große" Perioden) chemisch ähnliche Elemente wiederkehren. Die chemischen, und auch viele physikalische, Eigenschaften der Elemente sind also Funktionen der Atomgewichte.

Das periodische System.

Die Folgerungen, welche besonders Mendelejeff selbst aus den neu entdeckten Gesetzmäßigkeiten zog, waren höchst überraschend und wichtig. Beryllium, das man bis dahin für ein dreiwertiges Element mit dem Atomgewicht 13,5 ansah, fand mit diesem Atomgewicht keinen Platz im periodischen System. Mendelejeff zögerte nicht zu behaupten, daß Beryllium das Atomgewicht 9 haben und zweiwertig sein müsse. So fügte es sich dem System ein. In der Tat ließ sich die Änderung auch bald experimentell sicher begründen. Ähnlich ging es beim Indium und Uran, die als zweiwertig gegolten hatten, aber drei- bzw. vierwertig sein mußten, um sich ins periodische System einordnen zu lassen. Einen noch größeren Triumph brachte diesem die Voraussage der Eigenschaften damals noch unentdeckter Elemente. Aus Lücken, die sich in seinem periodischen System befanden, prophezeite Mendelejeff die Existenz einiger Elemente, die er vorläufig nach den im System darüber stehenden Elementen Eka-Aluminium, Eka-Silizium, Eka-Bor (Eka = 1, Sanskrit) nannte, mit vielen chemischen und physikalischen Eigenschaften. Und wirklich wurden diese Elemente (Gallium, Germanium,

Skandium) bald aufgefunden, und sie besaßen die angekündigten Eigenschaften! Man vergleiche z. B. die folgenden Angaben über das 1886 von Winkler entdeckte Germanium mit Mendelejeffs Voraussage für das Eka-Silizium:

	Eka-Silizium	Germanium
Atomgewicht	72	72,5
Dichte des Metalls	5,5	5,47
Oxyd	EsO_2	GeO_2
Dichte des Oxyds	4,7	4,70
Chlorid	$EsCl_4$	$GeCl_4$
Siedepunkt des Chlorids . .	unter 100°	86°

Mit Recht hat man Mendelejeffs prophetische Beschreibung noch unbekannter Elemente der Entdeckung des Planeten Neptun, dessen Existenz und Bahnort Leverrier aus den Störungen anderer Planetenbahnen berechnete und der dann von Galle fast genau am berechneten Platze aufgefunden wurde, als wissenschaftliche Großtat an die Seite gestellt.

Das periodische System bewährte sich auch in der Folgezeit, indem es die glatte Einreihung aller später entdeckten Elemente ermöglichte: Die Edelgase fanden ihren Platz als neue Gruppe, das Radium und die anderen Radioelemente in Lücken, die inmitten der bekannten Elemente noch frei waren.

Unstimmigkeiten im periodischen System.

Und doch stimmte etwas nicht mit dem periodischen System! Man mußte das Prinzip des Systems an einigen Stellen verletzen, sollten handgreifliche Widersinnigkeiten vermieden werden. Argon gehörte seinem chemischen Wesen nach ohne Zweifel in die Reihe der Edelgase, also vor Kalium, welches ebenso bestimmt zur Familie der Alkalimetalle zählte. Aber das Atomgewicht des Kaliums, 39,10, war kleiner als dasjenige des Argons, 39,88, so daß eigentlich Kalium vor Argon stehen sollte. Ähnliches galt für die Elementpaare Tellur (127,5) — Jod (126,92) und Kobalt (58,97) — Nickel (58,68), denen gleichfalls die sich aus den Atomgewichten ergebende Folge im System Plätze anwies, welche den chemischen Eigenschaften der Elemente widersprachen. Anfangs meinte man, voll Zuversicht zur strengen Gültigkeit des dem System zugrundeliegenden Gedankens, diese Unstimmigkeiten auf Irrtümer in den Atomgewichtswerten zurückführen und durch genauere Bestimmung der Zahlen beseitigen zu können. Dem war aber nicht so. Neue durchaus vertrauenswürdige Bestimmungen der fraglichen Atomgewichte erhoben es über jeden Zweifel, daß an diesen Stellen ein unerklärter Widerspruch gegenüber der sonstigen Gesetzmäßigkeit bestand. Auch im übrigen zeigte das periodische System mehrere Schwächen: Die drei Elementkleeblätter Eisen-Kobalt-Nickel, Ruthenium-Rhodium-Palladium und Osmium-Iridium-Platin fielen aus der Gleichmäßigkeit der übrigen Gruppen heraus; die Einordnung der untereinander auffällig übereinstimmenden 14 Elemente der sogenannten seltenen Erden mit ihren von 139 (Lanthan) bis 175 (Lutetium) ansteigenden Atomgewichten war überhaupt nicht möglich. So haftete der schönen Frucht, um welche die Chemie durch die Entdeckung des periodischen Systems bereichert war, ein bitterer Geschmack an. Man sah: es lag hier offenbar ein Naturgesetz von höchster Wichtigkeit vor; doch es war getrübt durch etwas Unbekanntes. Die Eigenschaften der Elemente waren zwar im großen und ganzen, aber nicht ausnahmslos periodische Funktionen der Atomgewichte.

Trotz dieser Mängel bot das periodische System die beste und einzige Grundlage für eine natürliche Systematik der Elemente. Die chemische Eigenart eines Elementes ergibt sich aus seiner Stellung im System mit großer Sicherheit. Die Gruppe der chemisch untätigen, verbindungslosen Edelgase bildet eine Scheide, zu deren beiden Seiten sich die chemisch aktivsten Elemente, einerseits die stark negativen (Halogene usw.); anderseits die stark positiven (Alkalimetalle usw.), befinden. Die in der Mitte der von einem bis zum nächsten Edelgas reichenden Reihen stehenden Elemente, wie z. B. der Kohlenstoff, entbehren ausgesprochener Polarität und eines scharf ausgeprägten chemischen Charakters. Mit steigendem Atomgewicht nimmt der positive Charakter der Elemente in den (wagerechten) „Reihen" ab, in den (senkrechten) „Gruppen" zu. Der Wasserstoff hat eine Ausnahmestellung.

Zahlreiche Versuche, das periodische System Lothar Meyers und Mendelejeffs so zu verbessern, daß die Unstimmigkeiten verschwinden oder einzelne gesetzmäßige Beziehungen deutlicher werden, führten zwar zu manchen neuen Elementanordnungen, von Spiral-, Zickzack- und anderen Formen; einen wesentlichen Fortschritt aber haben sie nicht gebracht.

Folgerungen aus dem periodischen System.

Das periodische System bewies, daß ein genetischer Zusammenhang zwischen den Atomen der Elemente bestehen mußte, daß es offenbar noch kleinere Bausteine der Materie gab, die sich am Aufbau der Atome beteiligten. Denn anders war die Tatsache nicht zu erklären, daß eine gewisse Vergrößerung der Atommasse zur Wiederkehr ähnlicher chemischer Eigenschaften führte und daß auf chemisch ähnliche Atome bei stufenweiser Erhöhung der Atommasse wieder untereinander chemisch ähnliche Atome folgten. Es lag nahe anzunehmen, daß nach einer bestimmten Vermehrung der Atombausteine diese sich wieder ähnlich ordneten und daß die Ähnlichkeit des Atombaus dann auch Ähnlichkeit im chemischen Verhalten verursachte. Man erinnerte bei der Besprechung dieser Fragen in der Chemievorlesung seit langen Jahren gern an den folgenden hübschen, von Mayer herrührenden physikalischen Versuch, der die gesetzmäßige Gruppierung beweglicher Teilchen unter der Einwirkung gewisser Anziehungs- und Abstoßungskräfte und die dabei zu beobachtende periodische Wieder-

Versuch von Mayer.

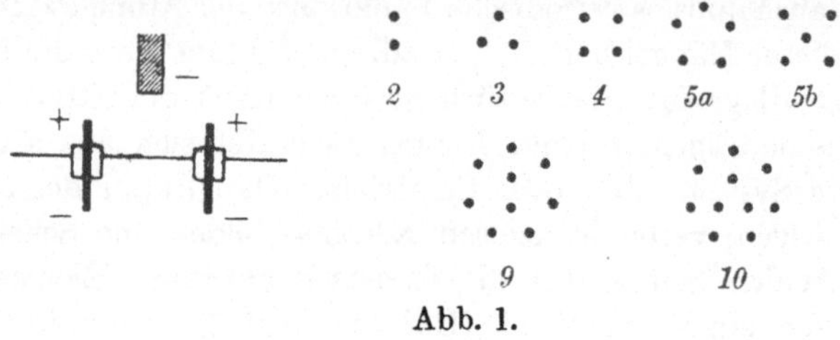

Abb. 1.

kehr ähnlicher Anordnungen in überraschender Weise zeigt. Kleine Magnete, z. B. magnetisierte, durch Korke gesteckte Nähnadeln, schwimmen auf Wasser (vgl. Abb. 1 links), und zwar so, daß sich die gleichnamigen, etwa die positiven Pole über der Wasseroberfläche, die negativen Pole darunter befinden. Die Magnete streben auseinander, weil die gleichnamigen Pole einander abstoßen. Nähert man dann, wie es in der Abbildung veranschaulicht ist, den aus dem Wasser herausragenden positiven Polen den negativen Pol eines stärkeren Magneten, so zieht dieser die positiven Pole der Magnetchen an. Diese anziehende Kraft und die abstoßende Wirkung, welche die schwimmenden Magnete aufeinander ausüben, führt zu gewissen Gleichgewichtslagen der letzteren. Jeder Zahl der beweglichen Magnete entspricht eine, in gewissen Fällen auch mehrere bestimmte stabile Gruppierungen. Abbildung 1 zeigt rechts die so zu erhaltenden Figuren bei 2, 3, 4, 5 und bei 9 und 10 schwimmenden Magneten. Wie man sieht, ordnen sich 3 Magnete zu einem gleichseitigen Dreieck, 4 zu einem Quadrat, 5 zu einem regelmäßigen Fünfeck oder zu einem Quadrat mit dem 5. Magneten im Mittelpunkt, 9 zu einem regelmäßigen Siebeneck mit 2 Magneten im Innern, 10 zu einem regelmäßigen Siebeneck, innerhalb dessen sich die übrigen drei zu einem gleichseitigen Dreieck gruppieren, usw. Was hier besonders interessiert, ist die periodische Wiederkehr ähnlicher Magnetgruppen, wie der beiden nebeneinander stehenden Magnete bei den Gesamtzahlen 2 und 9, des gleichseitigen Dreiecks bei 3 und 10 usf. Denkt man sich die Magnete durch die Bausteine der Atome ersetzt und nimmt man an, daß diesen bei bestimmter Zahl unter dem Einfluß anziehender und abstoßender Kräfte in ähnlicher Weise gewisse Gleichgewichtslagen zukommen und daß das Auftreten ähnlicher Gruppen auch chemische Ähnlichkeit bedingt, so kann man sich ein einleuchtendes Bild von den Ursachen machen, wie sie wohl dem periodischen System zugrunde liegen mögen.

Die Größe der Atome und Moleküle.

Die Atom- und Molekulartheorie verlor im Laufe der Zeit mehr und mehr ihren hypothetischen Charakter. Die Fortschritte der Forschung, insbesondere physikalischer Art, drängten zu der Überzeugung, daß die von den Chemikern zunächst nur zur Erklärung gewisser bei den chemischen Vorgängen beobachteter Gewichts- und Volumengesetzmäßigkeiten angenommenen Atome und Moleküle tatsächlich als Einzelgebilde existierten. Ja, man lernte sogar ihre absolute Größe nach verschiedenen, voneinander unabhängigen Verfahren bestimmen. Daß ein einzelnes Molekül winzig klein sein mußte, konnte die Chemie schon aus experimentellen Erfahrungen schließen. Nach Berthelot ist ein hunderttausendbillionstel Gramm Moschus noch zu riechen. Ein Moschusmolekül kann also höchstens dieses Gewicht haben. Zsigmondy bestimmte die Zahl der kleinsten, selbst im Ultramikroskop nicht mehr sichtbaren Goldteilchen in einer kolloiden Goldlösung von bekanntem Goldgehalt, indem er die Teilchen durch „Entwicklung" in einer Goldsalzlösung „mästete" und sie dadurch bis zu ultramikroskopischer Sichtbarkeit vergrößerte. Aus der so gefundenen Zahl und dem bekannten Goldgehalt der ursprünglichen Lösung berechnete er das mittlere Gewicht und die durchschnittliche Größe des einzelnen kolloiden Goldteilchens und fand für die letztere Werte bis hinab zu 0,8 $\mu\mu$ (d. i. $0{,}8 . 10^{-7}$ cm oder 0,8 Millionstel mm). Solche kolloiden Lösungen nähern sich in ihren Eigenschaften schon sehr den wahren Lösungen. Da sich in diesen die gelösten Stoffe in molekularer Zerteilung befinden, konnte man annehmen, daß auch die Abmessungen jener Kolloidteilchen nicht mehr weit von denjenigen einzelner Moleküle und Atome entfernt waren. In der Tat hat man den Radius der Moleküle von der Größenordnung 0,1 $\mu\mu$ gefunden.

Auf die nur durch weit ausholende physikalisch-mathematische Darlegungen zu erklärenden Verfahren, nach welchen man die Größe der Atome und Moleküle genau bestimmt hat, soll hier nicht näher eingegangen werden. Es sei nur erwähnt, daß sie sich auf die kinetische Gastheorie, auf die sogenannte Brownsche Bewegung der in Flüssigkeiten oder Gasen schwebenden kolloiden Teilchen (benannt nach dem Botaniker Brown, der diese dauernde Eigenbewegung 1827 zuerst an Pollenkörnern beobachtete) und auf die Ermittlung des sogenannten Elementarquantums der Elektrizität stützen. Von diesem Elementarquantum wird später noch die Rede sein. Es ist höchst bemerkenswert, daß etwa ein halbes Dutzend verschiedener und voneinander unabhängiger Verfahren zur Bestimmung der Molekülabmessungen zu den gleichen Ergebnissen geführt hat. Offenbar entsprechen unsere Annahmen über die Moleküle und die daraus gezogenen Folgerungen den Tatsachen in weitgehendem Maße. Zwei Zahlen mögen eine Anschauung von der Kleinheit der Moleküle geben. Die Masse eines Wasserstoffmoleküls beträgt $3{,}24 \cdot 10^{-24}$ g; sie verhält sich zur Masse eines Gramms Wasserstoff (etwa 12 l Wasserstoffgas unter gewöhnlichen Druck- und Temperaturverhältnissen) wie 1 kg zur Masse der Erdkugel. In einem Kubikzentimeter Wasserstoffgas (0° und 760 mm) befinden sich etwa $25 \cdot 10^{18}$, d. h. 25 Trillionen Moleküle. Ebenso groß ist natürlich nach der Avogadroschen Hypothese die Molekülzahl in einem Kubikzentimeter anderer Gase. Man nennt diese Naturkonstante „Loschmidtsche Zahl", zu Ehren des Forschers, der den ersten Weg zur Bestimmung der Molekülgröße gewiesen hat.

Die Wege der Ultra-Strukturchemie.

Wir haben bisher etwa den Standpunkt kennen gelernt, auf dem sich die „Atomistik" befand, als ihre neue stürmische Entwicklung einsetzte. Diese ist leichter zu schildern, wenn wir zunächst ihre Arbeitsweisen und experimentellen Hilfsmittel im Zusammenhang betrachten. Es handelt sich dabei hauptsächlich um Dinge aus der Optik, der Elektrik und der Radiochemie.

Die ältere Optik arbeitete mit dem gewöhnlichen sichtbaren Licht, den Strahlungen von den Wellenlängen 0,4—0,8 μ (10^{-4} cm). Allmählich erschloß sie sich auch die benachbarten Gebiete des von unseren Augen nicht wahrzunehmenden „Lichtes", der längerwelligen „ultraroten" und der kürzerwelligen „ultravioletten" Strahlung. Welche wertvolle Unterstützung die Chemie der Optik verdankt, ist allgemein bekannt. Es genügt, an die Farbe chemischer Stoffe, die Lichtbrechung, Farbenzerstreuung (Dispersion), an die Drehung der Polarisationsebene, an die Spektralanalyse zu erinnern. Die Spektralanalyse erlaubt, den optischen Charakter, die Wellenlängen oder die Schwingungszahlen (Frequenzen) einer Lichtstrahlung aufs schärfste zu bestimmen. Zur Zerlegung eines bestimmten Lichtes in die Strahlenarten, aus denen es sich zusammensetzt, bedient sich die Spektroskopie entweder des Prismen- oder des Gitterverfahrens. Der Chemiker benutzt im Laboratorium meist den Prismenapparat, weil dieser bei hinreichender Leistung billig und widerstandsfähig gegenüber der Laboratoriumsluft ist. Die Physiker bevorzugen für feinere Untersuchungen ihre Gitterspektroskope und -spektrographen. In diesen erfolgt die spektrale Zerlegung des Lichtes mittels eines „Gitters", das z. B. aus Spiegelmetall bestehen kann, in welches eine sehr große Zahl paralleler Striche (bis zu 2000 auf 1 mm) eingeritzt ist. Das Licht erfährt bei der Reflexion an dem Gitter eine „Beugung", wie sie immer stattfindet, wenn eine derartige Strahlung auf Hindernisse stößt, deren Größenordnung der Wellenlänge der Strahlen nahekommt. Ein Teil des abgebeugten Lichtes wird durch Interferenz der gleichgerichteten Strahlen vernichtet; in gewissen Richtungen aber, nämlich dort, wo Strahlen interferieren, bei denen der „Gangunterschied" der Schwingungen gleich der Wellenlänge ist, findet eine Verstärkung der Strahlen statt.

Optische Verfahren.

Spektralanalyse.

Weißes Licht setzt sich aus Strahlen verschiedenster Wellenlängen zusammen; es liefert im Spektralapparat alle Regenbogenfarben, ein sogenanntes „kontinuierliches" Spektrum. Farbiges Licht dagegen enthält nur Strahlen gewisser Wellenlängen; sein Spektrum besteht aus einer mehr oder minder großen Zahl von „Linien" oder „Banden", die an bestimmten Stellen des Spektrums als Abbilder des am Spektralapparat befindlichen „Spaltes" auftreten. „Monochromatisches" Licht besteht aus Strahlen einheitlicher Wellenlänge.

Die Strahlungen, welche von leuchtenden Gasen, z. B. dem Kochsalzdampf in einer Bunsenflamme oder dem Wasserstoff in einem Geißlerschen Rohr, ausgehen, sind charakteristisch für die zum Strahlen gebrachten chemischen Elemente. Darauf beruht Bunsens und Kirchhoffs große Entdeckung der Spektralanalyse. Geht weißes Licht durch glühenden Dampf hindurch, so werden diejenigen Strahlen absorbiert, welche der Dampf selbst zu emittieren vermag. Das im übrigen kontinuierliche Spektrum zeigt dann dunkle Linien, wie sie z. B. im Sonnenspektrum zu beobachten sind. Dies sind ja alles sehr bekannte Dinge.

Schon frühzeitig erklärte man die Aussendung der Strahlungen aus leuchtenden chemischen Stoffen dadurch, daß in diesen Schwingungen auftreten, welche sich als Licht in den Raum hinein fortpflanzen. Den Sitz der Schwingungen mußte man in den Atomen selbst suchen, da ja z. B. alle Natriumverbindungen in der Bunsenflamme dasselbe monochromatische gelbe Licht emittieren, der Charakter dieser Strahlung also offenbar vom besonderen Molekülbau der Verbindungen nicht abhängt[2]). Man konnte die Erscheinungen als einen Beweis dafür ansehen, daß die Atome noch bewegliche, also kleinere Teilchen enthielten. Dieser Beweis wurde verstärkt, als Zeeman 1897 entdeckte, daß die emittierte Strahlung und damit das Spektrum sich etwas verändern, wenn die emittierende Substanz magnetischen Kräften ausgesetzt wird (Zeemaneffekt). Die strahlenerregenden Schwingungen werden also durch magnetische und, wie sich später ergab, auch durch elektrische Kräfte (Starkeffekt) beeinflußt.

Die Spektren sind bei manchen Elementen, z. B. Wasserstoff, Helium, Natrium und den übrigen Alkalimetallen, ziemlich einfach; bei anderen Elementen, z. B. Eisen, enthalten sie Tausende von Linien. Mit großer Sorgfalt untersuchten die Physiker die verschiedenen Spektren und bestimmten die einzelnen Linien, die sich durch die Wellenlänge oder durch die sekundliche Schwingungszahl (Frequenz) der betreffenden Strahlung genau charakterisieren ließen. Frequenz und Wellenlänge stehen zueinander in einfacher Beziehung, da sich alle lichtähnlichen Strahlen mit Lichtgeschwindigkeit, 300 000 km in der Sekunde, fortpflanzen.

---

[2]) Nur nebenher sei erwähnt, daß es außer solchen „Atomstrahlungen" auch von den Molekülen herrührende „Molekülstrahlungen" gibt.

Eifrigst suchte man nach gesetzmäßigen Beziehungen zwischen den verschiedenen Linien eines Spektrums, verfehlte aber lange den richtigen Weg, indem man von falschen Voraussetzungen ausging und z. B., wie Lecoq de Boisbaudran, der bekannte Entdecker des Galliums, annahm, daß in der Optik ähnliche Verhältnisse herrschten wie in der Akustik, wo sich die Schwingungszahlen des „Grundtons" und der „Obertöne" verhalten wie 1 : 2 : 3 : 4 usw. So einfach lagen die Dinge hier nicht. Ein überraschender Erfolg war erst dem Schweizer Physiker Balmer (1885) beschieden. Dieser entdeckte, daß sich die Wellenlängen (λ) einer Gruppe von Linien des Wasserstoffspektrums nach der Formel $\lambda = K \cdot \frac{m^2}{m^2 - 4}$ berechnen lassen, wo K eine Konstante (3646,13) ist und für m nacheinander die ganzen Zahlen von 3 bis 31 einzusetzen sind. Die folgende Zusammenstellung zeigt die glänzende Übereinstimmung zwischen einigen so berechneten und

Gesetzmäßigkeiten der Spektren; Balmers Formel.

$$\lambda = 3646{,}13 \cdot \frac{m^2}{m^2 - 4}$$

Linie	m	berechnet	beobachtet
$H\alpha$	3	6564,96	6564,97
$H\beta$	4	4862,93	4862,93
$H\gamma$	5	4341,90	4342,00
$H\delta$	6	4103,10	4103,11
$H\varepsilon$	7	3971,4	3971,4
$H\zeta$	8	3890,3	3890,3

den beobachteten Wellenlängen. Die Ursache für diese höchst merkwürdige Gesetzmäßigkeit blieb den Physikern jahrzehntelang ein völliges Rätsel. Es ließ sich feststellen, daß Beziehungen ähnlicher mathematischer Form auch für andere Liniengruppen des Wasserstoffspektrums und für gewisse augenscheinlich in näherem Zusammenhang stehende Linien in den Spektren anderer Elemente galten. Die Gruppen derartiger ersichtlich zueinander gehörenden Linien nannte man „Linienserien" oder kurz „Serien".

Seit 1912 hat die Optik eine Erweiterung von so gewaltiger Tragweite erfahren, daß man sagen darf: Für sie und für viele von ihr abhängige physikalische und chemische Forschungsgebiete ist damit ein neuer Zeitabschnitt angebrochen. Dieser Fortschritt besteht in der Entwicklung einer Art Ultra-Optik, der Röntgenoptik, welche mit den Röntgenstrahlen arbeitet wie die alte Optik mit den gewöhnlichen Lichtstrahlen.

Die Röntgenoptik.

Die Erforschung der Röntgenstrahlen hatte nach den grundlegenden Arbeiten Röntgens verhältnismäßig geringe Fortschritte gemacht. Man wußte nicht einmal sicher, ob die Röntgenstrahlung wie das Licht auf Schwingungen zurückzuführen, als eine Strahlung im Huygensschen Sinne aufzufassen sei oder ob man sie als Aussendung materieller Teilchen anzusehen habe, etwa wie einst Newton die Lichtstrahlung erklären wollte. Allerdings sprachen wohl gewichtigere Gründe für die erstere Auffassung. Im Kampfe zwischen Emanations- und Undulationstheorie des Lichtes hatten einst u.a. die Beugungserscheinungen den Ausschlag zugunsten der Huygensschen Theorie gegeben. Die Beugung des Lichtes, wie sie z. B. an den oben erwähnten Gittern auftritt, sobald der „Gitterabstand", d.h. der Abstand zweier benachbarter Striche, 20 bis 50 Wellenlängen umfaßt, läßt sich nur durch die Wellentheorie erklären. Unser Landsmann v. Laue hatte den genialen Gedanken, eine ähnliche Entscheidung bezüglich der Röntgenstrahlen herbeizuführen, indem er dafür Gitter allerfeinster Art verwendete, nämlich die „Kristallgitter", welche uns die Natur in den Kristallen zur Verfügung stellt. v. Laue setzte voraus, daß die Röntgenstrahlen eine Schwingungserscheinung wie das gewöhnliche Licht, jedoch von viel kleinerer Wellenlänge seien. Mit den gewöhnlichen Gittern der Spektralapparate konnten sie dann keine Beugungserscheinungen liefern, wie ja auch ein Gitterzaun kein Spektrum des gewöhnlichen Lichtes erzeugen kann. Man mußte eben Gitter anwenden, deren Gitterabstand außerordentlich viel kleiner als derjenige der üblichen Beugungsgitter war. Solche Gitter liegen nun in den Kristallen vor. Physik und Mineralogie nahmen schon längst an, daß in den Kristallen die Strukturelemente, die Moleküle oder Atome, in regelmäßiger Lagerung, zu „Raumgittern" angeordnet, vorhanden sind. Die Gitterabstände berechneten sich aus der bekannten Größenordnung der Moleküle zu etwa 10^{-8} bis 10^{-7} cm. Dies war ungefähr auch der Gitterabstand, den v. Laue für seine Beugungsversuche mit Röntgenstrahlen brauchte. Der Erfolg der Versuche entsprach vollständig der Erwartung: Die Röntgenstrahlen zeigten an diesen feinen Gittern ähnliche Beugungserscheinungen wie das Licht an den gröberen Gittern. Damit war bewiesen, daß auch die Röntgenstrahlen Undulationsstrahlen sind und daß sich mit ihnen bei Anwendung geeigneter Apparaturen wie mit gewöhn-

v. Laues Entdeckung.

lichem Licht arbeiten läßt. Die Röntgenoptik hat sich in den wenigen Jahren seit ihrer Geburt staunenswert entwickelt. Nur einiges daraus, was für unseren Gegenstand von Bedeutung ist, soll hier zur Sprache kommen.

Die mittlere Wellenlänge der Röntgenstrahlen beträgt bloß etwa ein Tausendstel von derjenigen des sichtbaren Lichtes; sie ist von der Größenordnung 10^{-8} cm ($^1/_{10\,000\,000}$ mm, die „Angström-einheit" der Optik). In entsprechendem Maße ist die Frequenz der Röntgenstrahlen größer. Wie beim Licht gibt es auch bei den Röntgenstrahlen Strahlen verschiedener Wellenlängen. Die ganz kurzwelligen sind die durchdringenden „harten", die verhältnismäßig langwelligen die „weichen" Strahlen, welche von den Röntgenröhren ausgehen. Man hat die Benennungsweise der alten Optik auf die Röntgenoptik übertragen und spricht von „weißem" (alle Wellenlängen aufweisendem), „farbigem" und „monochromatischem" (nur einzelne Wellenlängen enthaltendem) „Röntgenlicht". Die gewöhnlichen Röntgenröhren liefern neben schwächeren weißen Strahlen eine intensivere farbige, sogenannte „charakteristische" Strahlung, deren Wellenlängen von dem Material der Antikathode abhängen, an welcher die Röntgenstrahlen unter der Einwirkung der auffallenden Kathodenstrahlen entstehen. Der Entwicklung der Röntgenoptik kam die in den letzten Jahren erzielte Vervollkommnung der Apparaturen zur Erzeugung von Röntgenstrahlen, die Erfindung gasfreier, in ihrer Strahlung fein zu regelnder Glühkathodenröhren durch Lilienfeld und Coolidge, zustatten.

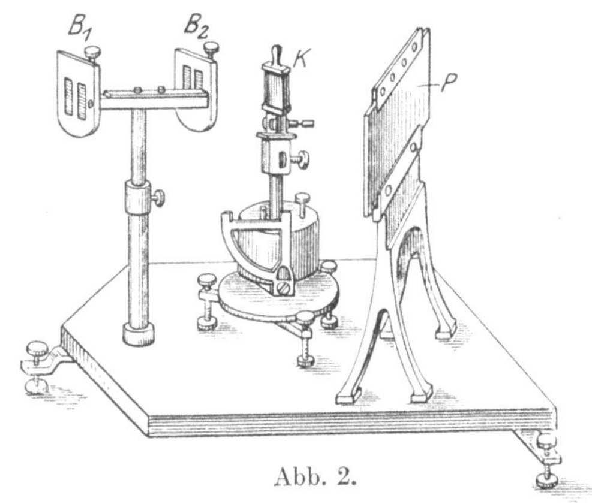

Abb. 2.

Man hat schnell gelernt, Röntgenstrahlungen spektrographisch zu untersuchen und zu analysieren, wie man es beim sichtbaren Licht gewohnt war. Die Röntgenspektroskopie erreichte in wenigen Röntgenspektroskopie.

Jahren schon einen hohen Grad von Vollkommenheit. Ihre Apparatur gleicht durchaus den gewöhnlichen Spektrographen (vgl. Abb. 2, S. 17). Aus den zu untersuchenden Strahlen wird durch Bleispalte (B_1, B_2) ein schmales Bündel abgesondert. Es fällt auf eine als Beugungsgitter dienende Kristallplatte (K), wird von dieser in abgebeugtem Zustand reflektiert und liefert ein Spektrum, welches natürlich nicht mit den Augen beobachtet werden kann, sondern auf einer photographischen Platte (P) aufgenommen werden muß. Im übrigen haben die Röntgenspektren große Ähnlichkeit mit den gewöhnlichen Spektren. Sie weisen gewisse Linien auf, die bestimmten Wellenlängen entsprechen. Die Zahl der Linien ist jedoch immer nur klein; so komplizierte Spektren wie beim sichtbaren Licht kommen in der Röntgenoptik nicht vor. Abb. 3 zeigt

Abb. 3.

als Beispiel eines Röntgenspektrums die charakteristische Strahlung (die sogenannte L-Serie) des Platins. Das Metall ist bei der Aufnahme dadurch zur Emission von Röntgenstrahlen gebracht worden, daß man Röntgenstrahlen geeigneter Wellenlänge darauf fallen ließ, welche in einer Röntgenröhre mit Kupferkathode erzeugt wurden; es handelt sich, wie die Physiker sagen, um eine durch primäre „Kupferstrahlung" erregte sekundäre Fluoreszenz-Röntgenstrahlung.

Auch Absorptionsspektren gibt es in der Röntgenspektroskopie. Sie kommen zustande, ähnlich wie die gewöhnlichen Absorptionsspektren, wenn das Untersuchungsmaterial dem weißen Röntgenlicht einer Röntgenröhre ausgesetzt wird. Die Wellenlängen der Linien im Absorptionsspektrum entsprechen denjenigen im „Fluoreszenzspektrum" desselben Stoffes, so daß man sich auch dieses — experimentell besonders einfachen — Verfahrens bedienen kann, um die charakteristische Strahlung festzustellen.

Die Erkenntnisse, welche uns die Röntgenspektroskopie schon beschert hat, sind wahrhaft erstaunlich. Ein jedes Element[1]) liefert, sobald es durch eine geeignete Primärbestrahlung (die primären Röntgenstrahlen müssen kleinere Wellenlängen haben als die sekundäre Strahlung, welche entstehen kann) zur Emission von Röntgenstrahlen veranlaßt wird, eine charakteristische Strahlung, ein charakteristisches Spektrum. Und zwar wird dieses erhalten, ganz gleich, in welcher Form das Element vorliegt, ob als freies Element, als Legierung, als Verbindung usw. So bekommt man mit Messing die übereinander gelagerten Spektren des Kupfers und Zinks, mit Natriumchlorid diejenigen des Natriums und Chlors.

Gesetzmäßigkeiten der Röntgenspektren.

Die Vergleichung der Röntgenspektren der verschiedenen Elemente hat zur Aufdeckung äußerst einfacher Beziehungen zwischen den Röntgenspektren und der Stellung der Elemente im periodischen System geführt. Der Platz eines Elements im periodischen System werde durch die „Ordnungszahl" gekennzeichnet; Wasserstoff hat also die Ordnungszahl 1, Helium 2, Lithium 3, Beryllium 4, Bor 5, Kohlenstoff 6 usf. Wie zuerst Barkla und Moseley fanden, wiederholen sich gewisse Liniengruppen, die man auch hier „Serien" nennt, in den Röntgenspektren der (im periodischen System) aufeinanderfolgenden Elemente. Sich derartig entsprechende Serien zeigen bei den verschiedenen Elementen die auffallendste Ähnlichkeit, hinsichtlich der gegenseitigen Lage, der Stärke der Einzellinien usw.; nur verschieben sich die Serien bei den folgenden Elementen immer etwas mehr nach der kurzwelligen Seite des Spektrums hin. Wandert man im periodischen System weiter, so treten von Elementen einer gewissen Ordnungszahl an neue Serien größerer Wellenlängen auf, die sich nun wiederum bei den nächsten Elementen wiederholen, indem sie allmählich in den kürzerwelligen Teil hinübergleiten. Die Physiker unterscheiden diese Serien durch Buchstaben als K-Serie, L-Serie usw. und kennzeichnen die einzelnen Linien einer jeden Serie durch beigesetzte kleine Buchstabenzeichen, z. B. K_{α_1}, K_{α_2}. Die wichtigsten bisher untersuchten Serien sind:

die K-Serie, aus fünf Linien bestehend, von Natrium bis Neodym beobachtet;

die L-Serie, zehn bis vierzehn Linien, vom Zink an bis zum Schluß des periodischen Systems, dem Uran;

die M-Serie, sieben Linien, vom Gold bis zum Uran.

[1]) Die Elemente mit kleinerem Atomgewicht als 23 (Na) geben keine Röntgenspektren.

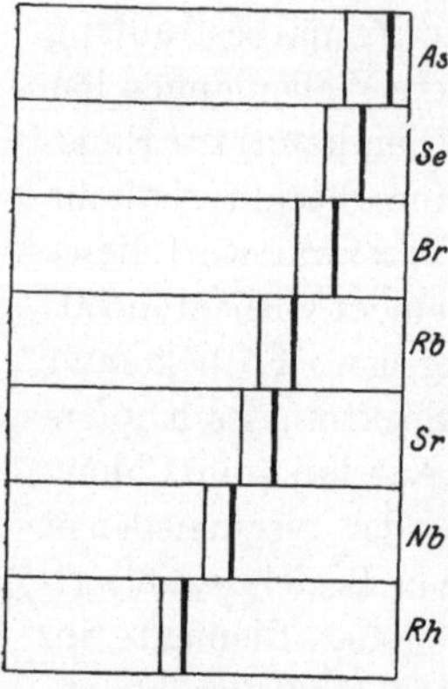

Abb. 4.

Abb. 4 zeigt die Veränderung einiger Linien der K-Serie bei aufeinanderfolgenden Elementen; Abb. 5 gewährt eine anschauliche Übersicht über die Lage einiger einander entsprechender Linien bei den verschiedenen Elementen und über ihre Verschiebung von Element zu Element. Auf der Abszissenachse sind die Elemente ihren Ordnungszahlen nach verzeichnet[1]); die Ordinaten geben eine Funktion der Wellenlänge $\left(\sqrt{\frac{1}{\lambda}} \cdot 10^{-4}\right)$ wieder, von deren Bedeutung gleich noch die Rede sein wird.

Statt durch die Wellenlänge λ der betreffenden Strahlung charakterisiert man die einzelnen Linien öfter durch die Schwingungszahl oder Frequenz ν. Da auch die Röntgenstrahlen, wie das sichtbare Licht, in der Sekunde 300 000 km ($3 \cdot 10^{10}$ cm) zurücklegen, besteht zwischen λ und ν dieselbe Beziehung wie in der gewöhnlichen Optik: es ist

$$\nu = \frac{3 \cdot 10^{10}}{\lambda},$$

wenn λ in Zentimetern ausgedrückt wird.

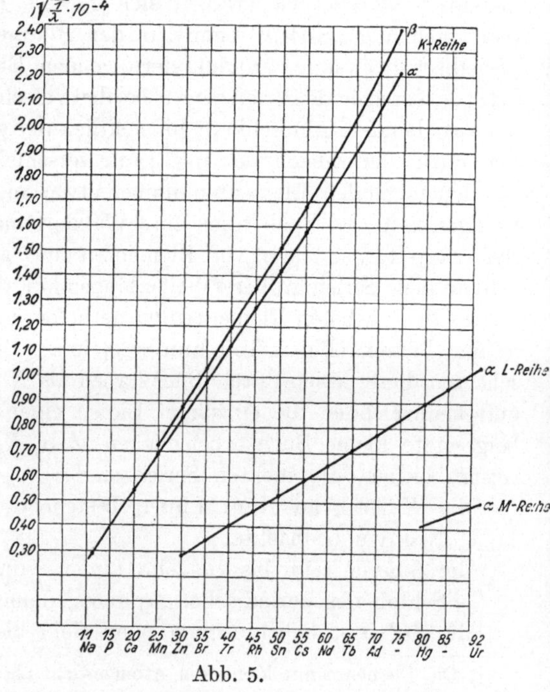

Abb. 5.

Moseleys Gesetz. Der eben erwähnte englische Physiker Moseley entdeckte eine sehr einfache zahlenmäßige Beziehung zwischen den Frequenzen (ν) einander entprechender Linien in den

[1]) Bei 70 muß es „*Yb*“ statt „*Ad*“ heißen.

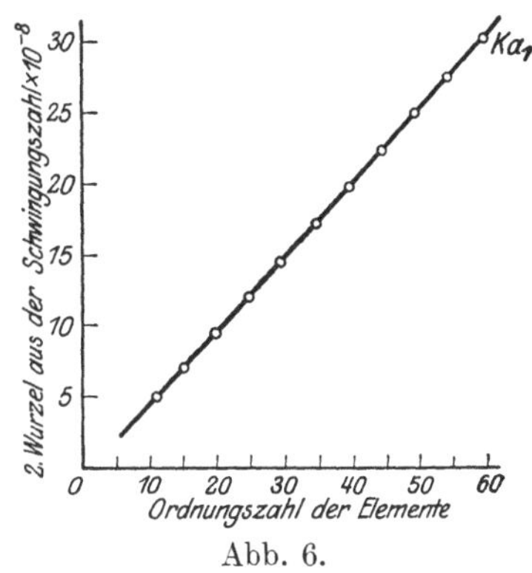

Abb. 6.

Röntgenspektren verschiedener Elemente und der Ordnungszahl (N), d. h. dem Platze der betreffenden Elemente im periodischen System. Es ist nämlich $\sqrt{\nu} = c \cdot N$, wo c eine Konstante bedeutet; die Quadratwurzeln der Schwingungszahlen sind also lineare Funktionen der Ordnungszahlen der betreffenden Elemente. Es handelt sich hier um ein streng gültiges Gesetz, dem sowohl die Linien der K-Serie, wie diejenigen der L- und M-Serie folgen. Man hat es „das Moseleysche Gesetz der Hochfrequenzspektra" („Hochfrequenz" wegen der hohen Frequenz der Röntgenstrahlen im Vergleich zu den gewöhnlichen Lichtstrahlen) benannt und damit dem 1914 in jungen Jahren als Opfer des Weltkrieges gefallenen Forscher ein Denkmal in der Wissenschaft gesetzt.

In Abb. 6 ist (wie es auch in Abb. 5 der Fall war) die gegenseitige Abhängigkeit von $\sqrt{\nu}$ und N graphisch dargestellt: Die beobachteten Werte liegen auf einer Geraden. Dies ist nur der Fall, wenn man $\sqrt{\nu}$ zur Ordnungszahl N in Beziehung setzt. Wählt man statt der Ordnungszahl die Atomgewichte der Elemente, so bekommt man (s. Abb. 7) eine Kurve, welche sich zwar im ganzen einigermaßen der Geraden nähert, im einzelnen aber erhebliche Abweichungen aufweist. Diese Bedeutung der „Ordnungszahl" der Elemente für ein offenbar wichtiges Naturgesetz, wie es das Moseleysche ist, muß aufs höchste überraschen. Es gibt also da etwas im periodischen System, das sich von Element zu Element gleichmäßig ändert und wovon die Schwingungszahlen ν abhängen. Die Atomgewichte, auf denen man das periodische System

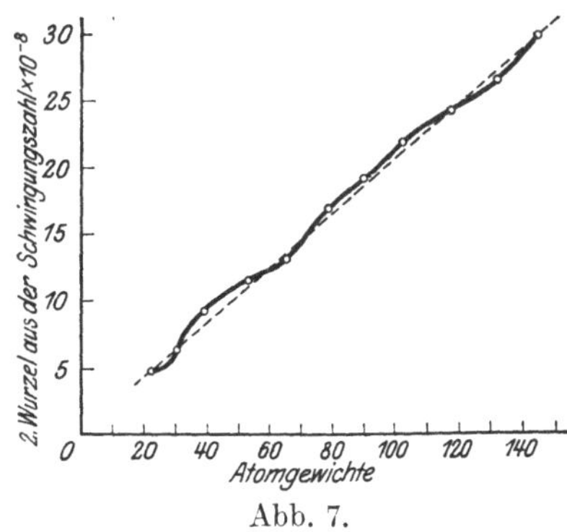

Abb. 7.

bisher aufbaute, sind, wie wir erkennen, das hier Ausschlaggebende nicht. Was ist nun dieses der Ordnungszahl parallel laufende geheimnisvolle Etwas? Wir werden uns später damit noch zu beschäftigen haben und sehen, daß es von den Physikern als die freie positive elektrische Ladung der Atomkerne betrachtet wird. Vorläufig wollen wir darauf nicht weiter eingehen und nur noch einen Blick auf unser altes periodisches System in dem neuen Lichte werfen. Die Schwierigkeiten und Unstimmigkeiten sind verschwunden! Gründet man das System der Elemente nicht mehr auf die Atomgewichte, sondern auf die Ordnungszahlen der Elemente, wie sie sich nun aus den experimentell bestimmten Frequenzen der Röntgenspektrenlinien nach dem Moseleyschen Gesetz ergeben, so bekommen wir die auf Seite 23 wiedergegebene, der chemischen Erfahrung genau entsprechende Anordnung: das Argon geht dem Kalium voran, Kobalt dem Nickel, Tellur dem Jod; Eisen-Kobalt-Nickel usw., die seltenen Erden finden ihren Platz, ohne als ungehörige Eindringlinge zu erscheinen. Nur fünf Lücken bleiben noch im System und harren der Ausfüllung durch neu zu entdeckende Elemente; sie entsprechen den Ordnungszahlen 43, 61, 75, 85, 87, nämlich zwei Elementen aus der Mangangruppe, einem Element der seltenen Erden, einem Halogen und einem Alkalimetall. Alles dies liegt im Bereiche der chemischen Möglichkeiten, ja Wahrscheinlichkeiten. Die Ordnungszahl des letzten uns bekannten Elements, des Urans, ist 92. So groß dürfte auch die Zahl aller möglichen Elemente von Wasserstoff bis Uran sein.

Aufklärung der Kristallstrukturen. Mit diesen erstaunlichen Erfolgen, von denen man sich noch vor wenigen Jahren nichts hätte träumen lassen, sind aber die Leistungen der Röntgenoptik nicht erschöpft. Wie es möglich war, mittels der Kristallgitter das Wesen der Röntgenstrahlen aufzuklären, so kann man anderseits aus der Beeinflussung, welche die Röntgenstrahlen durch Kristalle erfahren, aus der Art der dabei entstehenden Beugungsbilder usw. erschließen, wie die Strukturbausteine, die Atome, Moleküle, ja selbst noch feinere Gebilde, die Elektronen, in den Kristallen gelagert sind.

Verfahren von v. Laue, Friedrich u. Knipping. Die grundlegenden Untersuchungen auf diesem Gebiet verdankt man v. Laue, Friedrich und Knipping (1912), die dabei zum ersten Male die Interferenz des Röntgenlichtes an Kristallgittern nachwiesen. Sie ließen ein dünnes Röntgenlichtbündel

Periode	Reihe	Gruppe 0 VIII	Gruppe I a	Gruppe I b	Gruppe II a	Gruppe II b	Gruppe III a	Gruppe III b	Gruppe IV a	Gruppe IV b	Gruppe V a	Gruppe V b	Gruppe VI a	Gruppe VI b	Gruppe VII a	Gruppe VII b
			1 H 1·008													
I	1	**2 He** 4·00	**3 Li** 6·94		**4 Be** 9·1		**5 B** 11·0			**6 C** 12·00		**7 N** 14·01		**8 O** 16·00		**9 F** 19·0
II	2	**10 Ne** 20·2	**11 Na** 23·00		**12 Mg** 24·32		**13 Al** 27·1			**14 Si** 28·3		**15 P** 31·04		**16 S** 32·06		**17 Cl** 35·46
III	3	**18 A** 39·88	**19 K** 39·10		**20 Ca** 40·07		**21 Sc** 45·2		**22 Ti** 48·1		**23 V** 51·0		**24 Cr** 52·0		**25 Mn** 54·93	
	4	**26 Fe** 55·84 **27 Co** 58·97 **28 Ni** 58·68		**29 Cu** 63·57		**30 Zn** 65·37		**31 Ga** 69·9		**32 Ge** 72·5		**33 As** 74·96		**34 Se** 79·2		**35 Br** 79·92
IV	5	**36 Kr** 82·92	**37 Rb** 85·45		**38 Sr** 87·63		**39 Y** 88·7		**40 Zr** 90·6		**41 Nb** 93·5		**42 Mo** 96·0		**43**—	
	6	**44 Ru** 101·7 **45 Rh** 102·9 **46 Pd** 106·7		**47 Ag** 107·88		**48 Cd** 112·4		**49 In** 114·8		**50 Sn** 118·7		**51 Sb** 120·2		**52 Te** 127·5		**53 J** 126·92
	7	**54 X** 130·2	**55 Cs** 132·81		**56 Ba** 137·37		**57 La** 139·0		**58 Ce** 140·25	**59 Pr** 140·9		**60 Nd** 144·3	**61**—	**62 Sm** 150·4		**63 Eu** 152·0
V	8	**64 Gd** 157·3 **65 Tb** 159·2 **66 Dy** 162·5	**67 Ho** 163·5	**68 Er** 167·7		**69 Tu I** 168·5	**70 Yb** 173·5	**71 Lu** 175·0		**72 Tu II**	**73 Ta** 181·5		**74 W** 184·0		**75**—	
	9	**76 Os** 190·9 **77 Ir** 193·1 **78 Pt** 195·2		**79 Au** 197·2		**80 Hg** 200·6		**81 Tl** 204·0		**82 Pb** 207·20		**83 Bi** 209·0		**84 Po** (210·0)		**85**—
VI	10	**86 Em** (222·0)	**87**—		**88 Ra** 226·0		**89 Ac** (226)		**90 Th** 232·15		**91 Pa** (230)		**92 U** 238·2			

durch eine dazu senkrecht gestellte Kristallplatte hindurchfallen. Auf einer hinter dem Kristall angebrachten photographischen Platte entstand ein charakteristisches Bild (vgl. Abb. 8, die mit einem Zinksulfidkristall erhaltene Aufnahme), welches außer einem von dem primären Strahl herrührenden, in der Mitte liegenden dunklen Fleck regelmäßig angeordnete Interferenz- und Beugungsflecke aufwies. Diese treten um so zahlreicher (bis zu tausend auf einer Aufnahme) auf, je kürzerwellige Röntgenstrahlen angewendet wurden. Aus ihren Symmetrieverhältnissen lassen sich Schlüsse auf die Symmetrie der Kristallbausteine ziehen. Umständliche Rechnungen auf verwikkelter theoretischer Grundlage ergeben die Einordnung der untersuchten Substanz in eine der 32 bekannten Kristallklassen. Das Verfahren eignet sich für Objekte einheitlicher Struktur, ohne gut ausgebildete Kristallflächen zu verlangen.

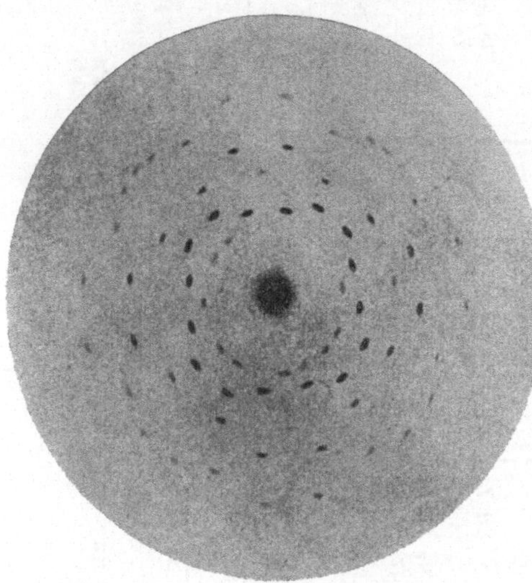

Abb. 8.

Braggsches Verfahren. Ein wesentlicher Fortschritt wurde wenig später (1913) durch die englischen Physiker Bragg, Vater und Sohn, erzielt. Ein monochromatischer Röntgenstrahl wird an einer tadellosen, genau orientierten Kristallfläche reflektiert. Bei bestimmten Einfallswinkeln ergeben sich infolge der durch die äquidistanten „Netzebenen" des Kristalls verursachten Reflexion und Interferenz Spiegelung oder Auslöschung des Strahles, welche hier nicht photographisch, sondern mittels der durch die Röntgenstrahlen hervorgerufenen, am Auftreten elektrischen Leitvermögens leicht zu erkennenden Luftionisation festgestellt werden. Die Intensitätsmessung der reflektierten Strahlen erfolgt in einer „Ionisationskammer", deren Außenwand auf einem bestimmten Potential gehalten wird und die innen ein isoliert eingeführtes Metallstück trägt, dessen Aufladung unter dem Einfluß der zu untersuchenden Röntgenstrahlen man beobachtet. Es sind viele Messungen erforderlich, zwischen denen die Lage des Kristalls um bekannte Beträge verändert wird. Dieses Verfahren gab die ersten Aufschlüsse über die charakteristischen Linien in den Röntgenspektren der Elemente, sowie über die Anordnung der Atome im Kochsalz, im Diamant und in verschiedenen anderen einfacheren Kristallen. Es liefert die genaue Kenntnis der Abstände der Kristallnetzebenen und dadurch mittelbar auch des Raumgitters, nach welchem der Kristall aufgebaut ist. Bei komplizierterem Kristallbau versagt es.

Verfahren von Debye u. Scherrer.

Die beiden besprochenen Verfahren setzen im allgemeinen die Kenntnis des Kristallsystems der untersuchten Substanz voraus. Viel allgemeinerer Anwendung fähig, dabei außerordentlich einfach in der Ausführung, wenn auch schwierig in seinen theoretischen Grundlagen, ist das dritte und neueste Verfahren von Debye und Scherrer, wiederum eine Entdeckung unseres Landes. Abb. 9 veranschaulicht es in schematischer Weise. Das Kristallpulver — wenige Kubikmillimeter genügen — befindet sich, regellos orientiert und zu einem dünnen Stäbchen gepreßt, in der Achse einer Hohlzylinderkammer von etwa 5 cm Halbmesser (vgl. Abb. 9 oben), deren Innenwand mit einem lichtempfindlichen Film ausgekleidet ist. Durch ein in der Kammer angebrachtes Fenster aus dünnem Aluminiumblech fällt ein (in der Abbildung durch den Pfeil angedeutetes) Röntgenstrahlbündel auf die Substanz auf. Man erhält unter bestimmten, von den Gitter-

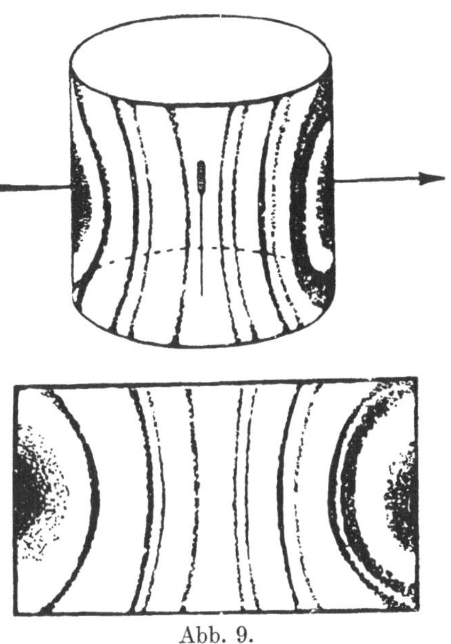

Abb. 9.

ebenenabständen der Kristalle abhängigen Winkeln eine reflektierte, zum Primärstrahl symmetrische Strahlung. Diese hat die Form von Kegelflächen, deren Schnitte mit dem zylindrischen Film auf diesem photographisch fixiert werden. Abb. 9 unten sieht man eine Hälfte des aufgerollten Films mit den entstandenen Linien und der starken Wirkung des Primärstrahls. Abb. 10 zeigt eine Originalaufnahme von Graphitpulver. Die Linien im Photogramm sind um so breiter und verwaschener, je mehr sich der Durchmesser der einzelnen Kristallindividuen im untersuchten Pulver molekularen Abmessungen nähert. Selbst bei Flüssigkeiten, deren Moleküle aus einer größeren Zahl von Atomen bestehen, wie z. B.

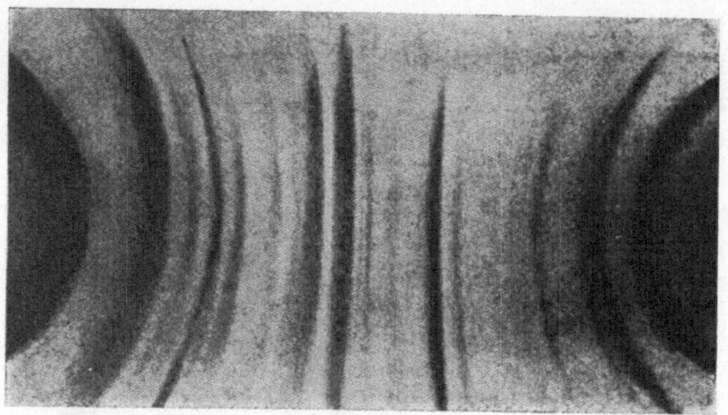

Abb. 10.

Benzol, ergeben sich charakteristische Schwärzungsbanden. Die Ableitung der Struktur aus den Bildern ist von den Schöpfern des Verfahrens zu einer besonderen zahlentheoretischen Technik ausgebildet worden. Es gelingt, mit einer einzigen Aufnahme die gegenseitige Lage und die Abstände der Atome im Kristall oder im Molekül zu bestimmen, selbst wenn vorher gar nichts über die Struktur der Substanz bekannt war. Ja noch mehr! Nach Debye (1918) ist die Streuung (Dispersion) der Röntgenstrahlen auf gewisse Bestandteile der Atome, die Elektronen, zurückzuführen. Intensitätsmessungen an den Linien der Photogramme geben daher Aufschluß über Zahl und Lagerung sogar dieser Atombestandteile. Es klingt wie ein Märchen!

Entwicklung der Elektrik.

Neben der Röntgenoptik ist als zweites wichtiges Hilfsmittel für die Fortschritte der Ultra-Strukturchemie die neuere Entwicklung der Elektrik zu nennen. 1881 begründete Helmholtz, den Zeitgenossen weit voraus, in seinem berühmten Faraday-vortrag die atomistische Auffassung der Elektrizität. Auf den Erscheinungen der Elektrolyse, auf der Ähnlichkeit zwischen den Faradayschen Gesetzen und den chemischen Grundgesetzen von den konstanten und multiplen Proportionen fußend, sah er in der Elektrizität etwas atomistisch Gegliedertes, dem wie der Materie Atome, die „Elektronen", zugeschrieben werden können. Die Folgezeit rechtfertigte Helmholtz' damals sehr kühn erscheinende Annahmen. Heute erklärt die Physik die elektrischen Wirkungen innerhalb der Substanzen durch die chemische (stoffliche) Theorie, durch die Atome (Elektronen) der Elektrizität, die Fernwirkungen, wie z. B. die elektrostatische und elektromagnetische Induktion, durch Ätherveränderungen, welche von den Elektronen verursacht werden und sich mit Lichtgeschwindigkeit fortpflanzen.

Die Elektronen.

Man kennt nur eine Art eigentlicher Elektrizitätsatome: die negativ elektrischen Elektronen. Positive Elektrizität tritt stets nur an die gewöhnlichen chemischen Atome und Moleküle gebunden auf, wie z. B. in den positiven Ionen ($H^{\cdot}$, $Na^{\cdot}$, $Ca^{\cdot\cdot}$ u. dgl.)[1]. Als eine positive elektrische Ladung bezeichnet man diejenige Ladung, welche ein negatives Elektron „neutralisiert".

Die Elektronen sind nichts anderes als die beim Durchgang von Elektrizität durch sehr verdünnte Gase (bei etwa 0,01 mm Druck) auftretenden Kathodenstrahlen. Plücker entdeckte sie 1859. Hittorf beschrieb sie zehn Jahre danach in allen wesentlichen Einzelheiten. Crookes untersuchte sie später gleichfalls und machte sie allgemeiner bekannt; er betrachtete sie übrigens bereits als materielle Teilchen (Korpuskeln), während sie von den deutschen Physikern zunächst als Äthererscheinungen gedeutet wurden.

Die Elektronen werden in den „Kathodenröhren" als Kathodenstrahlen mit großer Geschwindigkeit von der Kathode aus senkrecht zu deren Oberfläche und geradlinig fortgeschleudert. Durch den Magneten lassen sie sich aus ihrer geraden Bahn ablenken, was ihre elektrische Ladung beweist; beim Auftreffen auf Materie verursachen sie Wärme- und Lichterscheinungen, sowie

[1]) Vielleicht ist das Wasserstoff-Ion $H^{\cdot}$ als „positives Elektron" anzusehen.

mechanische Stoßwirkungen; isolierte Substanzen laden sie beim Aufprallen elektrisch auf; Gase ionisieren sie und machen sie dadurch elektrisch leitend.

Erforschung der Elektronen.

Die Physiker, welche anfangs den Kathodenstrahlen ziemlich rat- und hilflos gegenüberstanden, arbeiteten im Laufe der Jahre viele Untersuchungsverfahren aus, die sich auch sonst bei der Erforschung anderer bewegter elektrisch geladener Teilchen, z. B. der Kanalstrahlen, der Gasionen, der α- und β-Strahlen radioaktiver Stoffe, bewährten. Der Nachweis der Elektronen usw. kann elektrisch (durch Auf- oder Entladung isolierter Körper), chemisch (mittels der photographischen Platte) oder durch Leuchterscheinungen (mit hexagonalem Zinksulfid u. a.) geschehen. Durch Messung der von den Elektronen mitgeführten Elektrizitätsmengen sowie der Ablenkung, welche die Elektronen unter der Einwirkung elektrostatischer oder elektromagnetischer Kräfte erfahren, lassen sich Ladung, Masse und Geschwindigkeit der Elektronen bestimmen. Die „Masse" ändert sich, wie schon 1881 von J. J. Thomson theoretisch vorausgesehen, 20 Jahre später von W. Kaufmann experimentell nachgewiesen wurde, mit der Geschwindigkeit der Kathodenstrahlen: wenn sich diese der Lichtgeschwindigkeit nähert, nimmt sie stark zu. Man spricht daher von der „scheinbaren Masse" der Elektronen. Die Veränderlichkeit der „Masse" ist durch die Wirkung der mit dem Elektron bewegten elektrischen Ladung auf den umgebenden Äther zu erklären[1]). — Ein elektrischer Strom ist bewegte Elektrizität. Der Elektronenstrahl verhält sich daher in mancher Beziehung wie ein elektrischer Strom und wird z. B. durch einen Magneten wie ein stromdurchflossener elektrischer Leiter nach der bekannten Ampereschen Regel abgelenkt. In ähnlicher Weise unterliegt er zwischen elektrisch geladenen Polen einer elektrostatischen Ablenkung. Die Ablenkungen sind um so stärker, je größer die elektrische Ladung, je kleiner die Masse und die Geschwindigkeit der Teilchen sind.

Sichtbarmachung der Elektronenbahnen.

Der englische Physiker Wilson hat gelehrt, wie man die Bahnen von Elektronen u. dgl. sichtbar machen kann. Man benutzt

---

[1]) Die heute in der Physik eine große Rolle spielende Relativitätstheorie fordert allgemein Zunehmen der „Masse" bewegter Teilchen bei Vergrößerung der Geschwindigkeit. Praktisch tritt dieser Umstand erst in die Erscheinung, wenn sich die Geschwindigkeit der Lichtgeschwindigkeit nähert.

dafür eine „Nebelkammer“, d. i. ein mit Wasserdampf gesättigtes Gefäß, in welchem durch eine plötzliche Druckerniedrigung Abkühlung und dadurch vorübergehende Übersättigung mit Wasserdampf hervorgerufen werden kann. Befinden sich während dieses Vorganges im Innern der Nebelkammer „Kondensationskerne“, als welche Staub- und Rauchteilchen, aber auch elektrisch geladene Teilchen aller Art, wie die längs der Bahn eines Elektronenstrahls auftretenden Gasionen, wirken können, so kondensiert sich an den betreffenden Stellen flüssiges Wasser in Form von Tröpfchen. Die so entstehenden Nebelpunkte und -linien lassen sich bei zweckmäßiger Beleuchtung im Lichtbilde festhalten (vgl. weiter unten Abb. 12). Dieses wichtige und jetzt viel benutzte Verfahren erlaubt auch eine Zählung der vorhandenen Kondensationskerne (Ionen usw.). Man bestimmt zu diesem Zweck die Gesamtmenge des bei der Kondensation ausgeschiedenen flüssigen Wassers und beobachtet die Geschwindigkeit, mit welcher die entstandenen Nebeltröpfchen zu Boden sinken. Hieraus läßt sich nach einem Gesetz von Stokes der (mittlere) Durchmesser des einzelnen Tröpfchens ableiten. Infolgedessen ist auch die Gesamtzahl der Nebeltröpfchen, d. h. auch der Kondensationskerne zu berechnen.

Masse und Ladung der Elektronen.

Die Masse eines Elektrons ist nur $^1/_{1800}$ von der Masse des Wasserstoffatoms; die Elektronen besitzen also ein so außerordentlich kleines „Atomgewicht“, daß sie sich in dieser Hinsicht außerhalb der übrigen „Elemente“ stellen und auch nicht wie diese durch Wägung nachgewiesen werden können. Der Radius eines Elektrons ist von der Größenordnung 10^{-13} cm, d. i. wesentlich kleiner, als die gewöhnlichen Atome sind, deren Radius etwa 10^{-8} cm entspricht. Ein Wasserstoffatom verhält sich zum Elektron etwa wie die Erdkugel zum Kölner Dom. Die Ladung eines Elektrons, das „elektrische Elementarquantum“, ist nach verschiedenen Verfahren zu $1{,}56 \cdot 10^{-20}$ elektromagnetischen Einheiten, übrigens auch in Übereinstimmung mit einem von Planck errechneten Wert, bestimmt worden. Sie ist genau so groß wie die Ladung eines bei der Elektrolyse auftretenden einwertigen negativen Ions, z. B. des Cl′. Offenbar trägt dieses ein freies elektrisches Elementarquantum, ein Elektron.—Mit Hilfe des elektrischen Elementarquantums ist die Anzahl der Moleküle in einem Mol (Gramm-Molekül) in einfacher Weise zu berechnen: Nehmen wir als Beispiel das Natriumchlorid. Ein Ion Cl′ trägt $1{,}56 \cdot 10^{-20}$ absolute elektrische Einheiten; ein Gramm-Ion (35,46 g) Chlor bekanntlich 9654 absolute Einheiten (96540 Coulombs). Also enthält ein Gramm-Ion Chlor $6{,}19 \cdot 10^{23}$ einzelne Ionen und ein Mol Natriumchlorid ebenso viele einzelne Moleküle. Wie schon früher erwähnt wurde, findet man die Zahl der Moleküle im Mol (oder die sich daraus ohne weiteres ergebende Zahl der Moleküle in einem Kubikzentimeter Gas, die Lohschmidtsche Zahl) nach ganz anderen Verfahren beinahe genau so groß.

Darstellung von Elektronen

Die Isolierung von Elektronen läßt sich außer in Form der Kathodenstrahlen noch auf vielerlei Wegen erreichen. Die Elektronen bilden einen Bestandteil der chemischen Atome und können z. B. durch Erhitzen, durch kurzwellige Strahlen, mittels elektrostatischer Kräfte, bei Fluoreszenz- und Phosphoreszenzvorgängen, beim Atomzerfall der Radioelemente zur Abtrennung vom Atomrest gebracht werden, der dabei positiv elektrisch geladen, als positives Ion, zurückbleibt. Auch bei manchen gewöhnlichen chemischen Reaktionen treten freie Elektronen auf, zumal bei hoher Temperatur, wie in der Bunsenflamme. Doch haben Haber und Just 1911 gezeigt, daß auch in der Kälte unter gewissen günstigen Bedingungen, nämlich bei heftigen Reaktionen zwischen chemischen Stoffen, in denen man verhältnismäßig lose gebundene Elektronen annehmen darf, z. B. bei der Einwirkung von Chlorwasserstoff, Bromdampf, Phosgen auf die flüssige Kalium-Natrium-Legierung, Elektronen frei werden können.

Ein Maß für die Festigkeit, mit der Elektronen an Atomen usw. haften, bildet die Bestimmung der zu ihrer Ablösung erforderlichen elektromotorischen Kraft (Spannung), der „Ablösungs- oder Ionisationsarbeit“.

Ionen.

Durch Aufnahme von Elektronen bekommt ein elektrisch neutraler Körper, z. B. ein elektrisch neutrales Atom, Molekül usw., negative, durch Abgabe von Elektronen positive elektrische Ladung. Solche elektrisch geladenen Atome und Atomgruppen sind den Chemikern unter dem von Faraday eingeführten Namen „Ionen“, z. B. von der Elektrolyse her, wohlbekannt. Da treten Ionen wie Cl′, SO_4'', $Cu^{\cdot}$, $Cu^{\cdot\cdot}$ usw. auf. ′ und $^{\cdot}$ bezeichnen ja nichts anderes als eine negative und positive Elementarladung. Die gründliche Erforschung der elektrolytischen Vorgänge und Gesetze hatte sich übrigens bereits ohne näheres Eingehen auf die wahre Natur der Elektrizität und ohne die Elektronentheorie durchführen lassen.

Kanalstrahlen.

Ionen von großer Geschwindigkeit sind die sogenannten Kanalstrahlen, welche 1886 von Goldstein aufgefunden wurden und ihren Namen davon haben, daß sie durch Kanäle in der Kathode austreten. Sie entstehen neben den Kathodenstrahlen beim Durchgang von Elektrizität durch verdünnte Gase. Man studierte sie nach ähnlichen Verfahren wie die Kathodenstrahlen. Sie weisen mannigfaltige Ladungsverhältnisse auf, tragen eine oder auch mehrere, negative oder positive, Ladungen, die stets einer ganzen Zahl von Elementarquanten entsprechen. Ihre Masse ist immer viel größer als diejenige der Elektronen, nämlich von der Größenordnung der Masse gewöhnlicher chemischer Atome und Moleküle. Grundsätzlich sind sie von den aus der Elektrochemie bekannten Ionen nicht verschieden; sie unterscheiden sich von diesen nur durch ihre großen Geschwindigkeiten und durch die weit größere Mannigfaltigkeit der Ladungsverhältnisse. So hat man z. B. außer dem positiven Wasserstoff-Ion $H^{\cdot}$, dessen Vorhandensein in sauren Lösungen der Chemiker annimmt, auch negative Wasserstoff-Ionen H' beobachtet, welche die Experimentalchemie nicht kennt; des weiteren Ionen wie $O^{\cdot}$ und O', $C^{\cdot}$, C', $C^{\cdot\cdot}$, $C_2^{\cdot}$, C_2', ja sogar ein Ion mit achtfacher positiver Ladung: $Hg^{::::}$. Die Zahl der existenzfähigen (allerdings vielfach unbeständigen) „Verbindungen“ der gewöhnlichen chemischen Atome mit den Atomen der Elektrizität ist also erheblich größer, als man auf Grund der älteren, zumeist an Lösungen gewonnenen chemischen Erfahrungen annehmen konnte.

Quantentheorie.

Im Anschluß an diese physikalischen Dinge sei eine in der heutigen Physik eine große Rolle spielende Theorie flüchtig gestreift, die „Quantentheorie“, welche Planck 1900 auf Grund gewisser Erfahrungen bei der Wärmestrahlung entwickelte. Für die schnellen Schwingungen, die man bei Erscheinungen des Lichtes, der Wärme usw. anzunehmen hat, gelten nicht mehr die einfachen, an langsamen Vorgängen entwickelten Gesetze der Energetik[1]). Die Energie wird dabei nicht stetig und in beliebig

[1]) Die Quantentheorie gilt zwar allgemein, also auch für langsame Schwingungserscheinungen. Sie macht sich praktisch aber nur bei sehr hohen Schwingungszahlen bemerkbar, weil das „Energiequantum“ erst dann beträchtlichere Werte annimmt.

kleinen Teilbeträgen abgegeben, sondern sprunghaft, in „Quanten". Die Größe dieser Quanten hängt von der Frequenz, der Schwingungszahl (ν), des bewegten Systems ab, welches die Energie ausstrahlt. Ein schwingendes System gibt Energie nur im Betrage von $\nu \cdot 6{,}5 \cdot 10^{-27}$ Erg oder von ganzen Vielfachen dieses Wertes ab. Das „Energiequantum" steigt also proportional der Schwingungszahl. Es ist z. B. für

	rotes Licht	ultraviolette Strahlung	Röntgen-strahlung
die Wellenlänge . . .	760 $\mu\mu$	100 $\mu\mu$	0,1 $\mu\mu$
die Schwingungszahl .	$0{,}04 \cdot 10^{16}$	$0{,}3 \cdot 10^{16}$	$300 \cdot 10^{16}$
das Energiequantum .	$0{,}26 \cdot 10^{-11}$	$195 \cdot 10^{-11}$	$1950 \cdot 10^{-11}$ Erg.

Die „Plancksche Konstante" $6{,}5 \cdot 10^{-27}$ Erg/Sekunde ist ersichtlich eine für die Welt des Kleinsten höchst wichtige, experimentell sichergestellte Naturkonstante. Bestimmte Vorstellungen über ihr Wesen und ihre Ursache hat sich die Physik bis heute noch nicht machen können. Man muß sich vorläufig mit der Tatsache abfinden, daß auch die Energie eine gleichsam atomistische Gliederung aufweist. Die Quantenvorstellung hat sich bei den Physikern rasch eingebürgert und auch den physikalischen Wortschatz bereichert — oder wenigstens vermehrt; man liest z. B. von „n-quantigen Systemen", von „Quanteln" u. dgl. m.

Radiochemie.

Durch die Schaffung der Radiochemie haben die Chemiker zur Vertiefung unserer Kenntnis von der Struktur der Materie wesentlich beitragen können. Auch dieser Forschungszweig hängt mit Röntgens Entdeckung zusammen. Der Weg seiner Entwicklung ist den Chemikern vertrauter, so daß hier nur kurz an einiges erinnert zu werden braucht. Nach der Entdeckung der Röntgenstrahlen suchten die Physiker neue Quellen ähnlicher Strahlen. Dabei fand Becquerel die „Uranstrahlen". Weitere Forschungen des Ehepaars Curie und anderer Physiker und Chemiker führten zur Auffindung verschiedener Elemente (Polonium, Radium, Aktinium usw.), die in mehr oder minder hohem Maße die Eigenschaft der „Radioaktivität" besaßen. Zu diesen Eigenschaften gehören Ionisation der Luft, chemische Wirkungen, z. B. auf die photographische Platte, Fluoreszenzerscheinungen, dauernde Wärmeentwicklung, Aussendung merkwürdiger Strahlen, die in verschiedener Weise durch den Magneten abgelenkt werden und die man als α-, β-, γ-Strahlen unterscheidet. Abb. 11 zeigt, wie ein von einem radioaktiven Stoff ausgehendes Strahlenbündel

Radioaktivität.

durch die Wirkung des Magneten MM in die schwach nach einer Seite abgelenkten α-Strahlen, in die weit stärker nach der anderen Seite abgebogenen β-Strahlen und in die unbeeinflußt gelassenen γ-Strahlen zerlegt wird.

Die zunächst rätselhafte Frage nach dem Ursprung der dauernden Energieentwicklung der Radioelemente wurde 1902 durch die meist nach Rutherford und Soddy benannte, von anderen Forschern (z. B. Elster und Geitel) vorbereitete „Atomzerfallstheorie" entschieden: Die Atome der radioaktiven Elemente zerfallen. Es ist dies ein chemischer Vorgang von ganz anderer Art als alle sonstigen chemischen Erscheinungen, die sich zwischen unveränderten Atomen abspielen. Der Atomzerfall ist unabhängig von der Temperatur. Er ist begleitet von ungeheuren Energieänderungen, deren Größenordnung das Millionenfache von derjenigen gewöhnlicher chemischer Reaktionen beträgt. Sein Verlauf unterliegt dem einfachen Gesetz: In der Zeiteinheit zerfällt von den Atomen eines Radioelements ein bestimmter Prozentsatz; es ist $N_t = N_0 e^{-\lambda t}$, wenn die ursprünglich vorhandene Atomzahl mit N_0, die Zahl der Atome nach der Zeit t mit N_t, die Basis der natürlichen Logarithmen mit e bezeichnet wird. λ ist eine für jedes Radioelement verschiedene fundamentale Konstante, die „Zerfallskonstante"; es kennzeichnet den in der Zeiteinheit zerfallenden Bruchteil der Atome des betreffenden Elements. Ist z. B. $\lambda = 0{,}0282$ (Zeiteinheit: Tag), so zerfallen täglich 282 von 10 000 Atomen.

Atomzerfallstheorie.

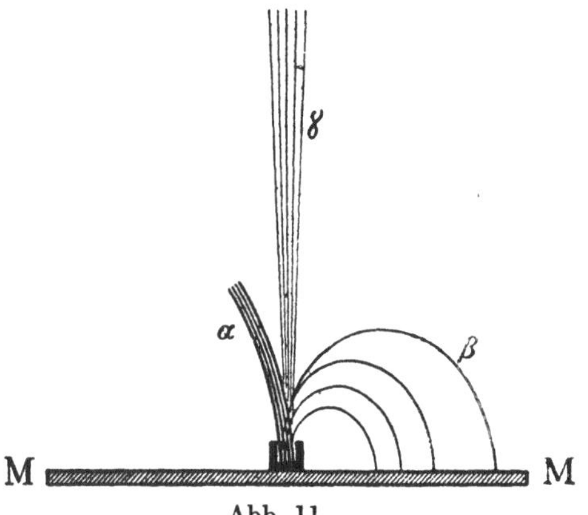

Abb. 11.

Beim Zerfall der Atome entstehen: Atome anderer Elemente, α-, β- und γ-Strahlen. Die Untersuchung der drei Strahlenarten nach den oben geschilderten physikalischen Untersuchungsverfahren hat folgendes ergeben.

α-Strahlen. Die α-Strahlen sind Helium-Ionen mit 2 positiven elektrischen Ladungen, He¨, welche beim explosionsartig heftigen Atomzerfall mit großer Geschwindigkeit, bis zu $^1/_{10}$ Lichtgeschwindigkeit, fortgeschleudert werden. Sie gleichen also im Wesen den Kanalstrahlen. Auf sie ist der größte Teil der Strahlungsenergie radioaktiver Stoffe zurückzuführen. Ihre Masse (m) ist 4, wenn die Masse des Wasserstoffatoms gleich 1 gesetzt wird. Dies entspricht dem Atomgewicht 4 des Heliums. Die große kinetische Energie der α-Strahlen erklärt sich durch die ungeheure Geschwindigkeit (v) der Teilchen. In dem Ausdruck für die kinetische Energie, $^1/_2\, m \cdot v^2$, tritt die Geschwindigkeit ja im Quadrat auf. Was eine derartige Geschwindigkeit bedeutet, mag folgendes Beispiel veranschaulichen: Die kinetische Energie eines 8 g schweren Infanteriegeschosses entspräche, wenn die Geschoßgeschwindigkeit von 1000 m/sek auf die Geschwindigkeit der α-Strahlen, d. i. etwa 20 000 km/sek gesteigert würde, der kinetischen Energie eines Geschosses von 3200 t Gewicht und 1000 m Geschwindigkeit! Die α-Strahlen wirken auf die photographische Platte, bringen gewisse Stoffe (z. B. Zinksulfid, Bariumplatinzyanür) zum Leuchten, ionisieren die Luft und erteilen ihr dadurch elektrisches Leitvermögen. Die durch radioaktive Stoffe hervorgerufene Fluoreszenz des Zinksulfids usw. wird bei den Radioleuchtmassen, den Radiumuhren u. dgl. praktisch verwendet; bei gut ausgeruhtem Auge kann man daran mit einer scharfen Lupe die Lichtblitze erkennen, welche den einzelnen α-Teilchen entsprechen. Die Luftionisation erklärt sich dadurch, daß ein α-Teilchen auf seinem Wege durch die Luft eine sehr große Zahl (über 100 000) Moleküle und Atome zertrümmert und dabei elektrisch geladene Gas-Ionen erzeugt, die z. B. von einem aufgeladenen Elektroskop angezogen werden und dessen elektrische Ladung neutralisieren.

Durch Materie werden die α-Strahlen gebremst und aufgehalten. Es hat sich zeigen lassen, daß sie — merkwürdiger und bisher unerklärter Weise! — nicht mehr nachzuweisen sind, daß sie scheinbar verschwinden, sobald ihre Geschwindigkeit unter einen gewissen, immerhin noch recht stattlichen Wert, nämlich etwa 3% der Lichtgeschwindigkeit (10 000 km/sek) sinkt. Eine solche Bremsung wird z. B. durch ein Blatt Papier, durch ein 0,02 mm starkes Aluminiumblättchen, durch mehrere Zentimeter Luft bewirkt. Das Helium, aus welchem die α-Teilchen bestehen, hinterbleibt natürlich; doch läßt es sich in den winzigen Mengen, um welche es sich hier handelt, nicht mehr nachweisen.

Daß die α-Strahlen chemisch mit Helium identisch sind, haben Rutherford und Royds (1909) einwandfrei gezeigt. Ein Radium enthaltendes zugeschmolzenes Glasröhrchen von so geringer Wandstärke (unter $^1/_{100}$ mm), daß die α-Strahlen hindurchdringen konnten, befand sich im Innern eines anderen vollständig evakuierten Glasgefäßes; nach einiger Zeit trat in diesem Helium auf, spektroskopisch leicht erkennbar. Ein großer Teil der Heliumatome drang infolge der Geschwindigkeit, mit welcher sie aus den zerfallenden Radiumatomen ausgeschleudert wurden, in die äußeren Glaswandungen ein und blieb darin stecken. Er wurde erst frei, als man das Glas pulverte und im Vakuum erhitzte. Durch diese Beobachtung erklärt sich auch der Heliumgehalt gewisser Mineralien, z. B. des Thorianits, von welchem 1 g, gepulvert und im Vakuum geglüht, nicht weniger als 9 ccm Heliumgas abgibt. Die in dem Mineral steckenden Heliumatome sind die „Leichen" der α-Strahlen, welche sich im Laufe von Jahrmillionen durch den Zerfall radioaktiver Bestandteile bildeten und aus dem Thorianit nicht entweichen konnten.

Die doppelte positive elektrische Ladung eines α-Teilchens wies z. B. Regener nach, indem er eine schwache α-Strahlung erzeugte und einerseits die α-Teilchen auf einem Leuchtschirmchen (Diamant-Dünnschliff) unter dem Mikroskop zählte, anderseits die von ihnen mitgeführte Elektrizitätsmenge mittels eines Elektrometers maß.

Die Wege, welche α-Teilchen in Gasen, z. B. in der Luft, zurücklegen, lassen sich nach dem Seite 28 beschriebenen Wilsonschen Verfahren beobachten und photographieren. Ein jeder α-Strahl hinterläßt, wie eben gesagt wurde, auf seiner Bahn zahllose Gas-Ionen, welche in der „Nebelkammer" als Kondensationskerne Verflüssigung des übersättigten Wasserdampfes bewirken. Der Weg des α-Teilchens wird dadurch zu einer Nebellinie, die zu photographieren ist. So entstand das in Abb. 12 (S. 36) wiedergegebene Bild von α-Strahlbahnen. Man sieht darauf, wie die α-Strahlen nach einer gewissen Weglänge infolge der Bremsung durch das Gas verschwinden. Man sieht weiter, wie sie manchmal aus ihrer geraden Bahn abgebogen werden, was auf den Einfluß der Atome zurückgeführt wird, durch welche sie hindurchfliegen. In einzelnen, seltenen Fällen wird der α-Strahl in scharfem, gelegentlich 90° übersteigendem Winkel aus seiner Bahn geschleudert: da ist er, wie Rutherford es erklärt, einem positiv geladenen und darum den gleichnamig geladenen α-Strahl kräftig abstoßenden Atomkern zu nahe gekommen.

β-Strahlen. Die β-Strahlen sind identisch mit den Kathodenstrahlen, d. h. es sind in schneller Bewegung befindliche Elektronen, die je ein negatives elektrisches Elementarquantum tragen und $^1/_{1800}$ von der Masse des Wasserstoffatoms besitzen[1]). Die außerordentliche Geschwindigkeit, mit welcher auch sie aus den zerspringenden Atomen herausgeschleudert werden — sie liegt zwischen 0,3 bis 0,99 Lichtgeschwindigkeit —, ist ein neuer Beweis für die alle Explosionen u. dgl. weit hinter sich lassende Heftigkeit des Atomzerfalles. Elektronen geringerer Geschwindigkeit, welche auftreten, wenn α-Strahllen durch Materie hindurchgehen, sind weniger wichtig; J. J. Thomson hat sie als δ-Strahlen bezeichnet.

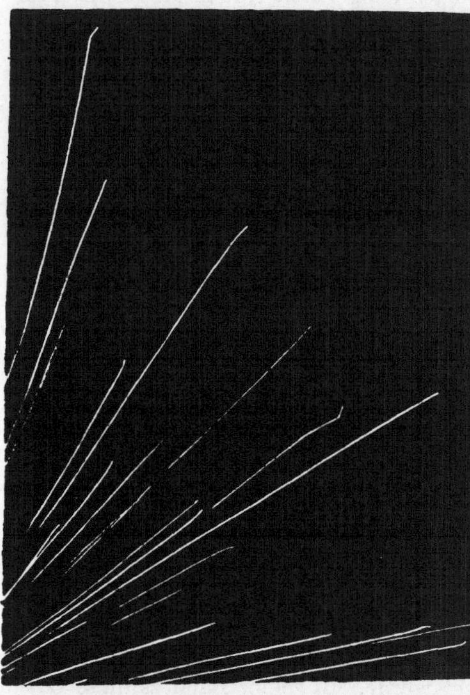

Abb. 12.

γ-Strahlen. Die γ-Strahlen endlich sind Röntgenstrahlen, also Strahlen im Huygensschen Sinne, nicht materieller Art wie die α- und

[1]) Diese „Masse" gilt für β-Strahlen kleiner Geschwindigkeit. Bei β-Strahlen, deren Geschwindigkeit 99% der Lichtgeschwindigkeit beträgt, ist die „Masse" bereits das 8fache dieses Wertes.

β-Strahlen, bei denen man ja „Strahl" im Sinne des Wasserstrahls, nicht des Lichtstrahls aufzufassen hat. Die γ-Strahlen sind wohl eine sekundäre Begleiterscheinung der Radioaktivität. Sie zeichnen sich durch hohe Frequenz und dementsprechend auch durch starkes Durchdringungsvermögen aus; manche von ihnen werden z. B. erst durch 115 m Luft zur Hälfte absorbiert und gehen selbst durch 30 cm Eisen noch teilweise hindurch. Sie sind bei der therapeutischen Anwendung radioaktiver Präparate hauptsächlich wirksam, so daß man diese Präparate als sehr leistungsfähige Röntgenapparate kleinsten Formats betrachten kann.

Elektrisch isoliert, laden sich die Radioelemente beim Zerfall ihrer Atome den mit den α- und β-Strahlen fortgehenden elektrischen Ladungen entsprechend elektrisch auf. Unter gewöhnlichen Verhältnissen verschwinden die Ladungen schnell wieder und entziehen sich der Wahrnehmung, da sie durch Aufnehmen oder Abgeben von Elektronen im Austausch mit der Umgebung neutralisiert werden. Ein zerfallendes Atom erleidet, wie O. Hahn 1909 nachwies, beim „Aufbrechen" infolge des heftigen Ausschleuderns der α- und β-Teilchen wie ein feuerndes Geschütz einen „Rückstoß", der ihm selbst eine Bewegung erteilt, ein Vorgang, welcher gelegentlich als Hilfsmittel bei der Trennung und Isolierung radioaktiver Elemente benutzt wird.

Arbeitsverfahren der Radiochemie.

Die Radiochemie verlangte die Ausarbeitung neuer eigenartiger Arbeits- und Forschungsverfahren. Alle Radioelemente sind höchst selten und kostbar. Nur ganz wenige, wie z. B. das Radium, sind in solchen „Mengen" zu erhalten, daß man sie sehen und wie gewöhnliche chemische Stoffe behandeln kann. Sehr viele existieren infolge ihrer Unbeständigkeit nur in winzigsten Spuren, die noch weit davon entfernt sind, sich spektralanalytisch nachweisen zu lassen. So wurde die Radiochemie großenteils zu einer Chemie des Unsichtbaren. Die Charakterisierung der Radioelemente durch ihr chemisches Verhalten oder durch die sonst üblichen physikalischen Konstanten, Schmelzpunkt, Dichte u. dgl., ist in den wenigsten Fällen möglich. Die „Radiochemiker" benutzen als besondere „Radiokonstanten" die „Halbwertszeit", die „Reichweite" der α-Strahlen und die Art der Strahlung beim Atomzerfall. Letzterer ist bei manchen Elementen mit der Aussendung von α-Strahlen, bei anderen von β-Strahlen, bei noch anderen auch von α- und β-Strahlen verknüpft. Die „Reichweiten“ beziehen sich auf Luft von 15° und 760 mm Druck und werden in Zentimetern angegeben; „die Reichweite ist 4 cm“ heißt also: die α-Strahlen, welche bei dem betreffenden Atomzerfall auftreten, verlieren die Nachweisbarkeit, „sie verschwinden“, nachdem sie 4 cm Luft durchlaufen haben. Die Reichweite ist für jedes Radioelement charakteristisch. Bei den verschiedenen Radioelementen liegt sie zwischen $2^1/_2$ und $8^1/_2$ cm; und zwar entspricht große Reichweite großer Geschwindigkeit des Atomzerfalls. Das Maß für diese ist die „Halbwertszeit“ (weniger zweckmäßig auch gelegentlich „Periode“ genannt), d. i. die Zeit, innerhalb welcher von einer gewissen Menge eines Radioelements die Hälfte zerfällt. Auch diese Zeit ist eine charakteristische Konstante; sie ist, wie schon erwähnt wurde, unabhängig von der Temperatur, aber auch unabhängig von der chemischen Form, in welcher sich die dem Zerfall unterliegenden Atome befinden. Es ist also gleichgültig, ob diese als Element, z. B. als Metall, oder chemisch verbunden, z. B. als Chlorid, Sulfat usw., vorliegen. Die Halbwertszeit ist aus der oben besprochenen Zerfallskonstanten (λ) abzuleiten. Setzt man in der Formel $N_t = N_0 e^{-\lambda t}$ die Zahl der zur Zeit 0 vorhandenen Atome (N_0) $= 1$, N_T (Zahl der zur Zeit T vorhandenen Atome) $= {}^1/_2$, so erhält man die Gleichung ${}^1/_2 = e^{-\lambda T}$, woraus sich $T = 0{,}69315/\lambda$ berechnet. T ist die „Halbwertszeit“. Diese erstreckt sich für die verschiedenen Radioelemente von 10^{-11} Sekunden bis zu Milliarden von Jahren.

Der Ausbau der Radiochemie war nur möglich, weil die neuen Verfahren zum Nachweis und zur Charakterisierung der Radioelemente derartig empfindlich sind, daß z. B. die Spektralanalyse daneben als etwas ganz Grobes erscheint. Man verdankt diese Empfindlichkeit dem günstigen Umstande, daß einerseits sehr kleine Elektrizitätsmengen der Messung zugänglich sind, daß anderseits beim Atomzerfall den kleinen Massen durch Riesengeschwindigkeiten verhältnismäßig großer Energieinhalt erteilt wird. Wie sich ein einzelnes α-Teilchen, dessen Masse etwa $6{,}5 \cdot 10^{-24}$ g beträgt, z. B. durch den Lichtblitz, welchen es auf einem Zinksulfidschirm erzeugt, nachweisen läßt, wurde schon erwähnt.

Die Radioelemente. Die Zahl der Radioelemente, deren Atomzerfall festgestellt werden konnte, beträgt etwa 35. Dazu kommen noch die Elemente Kalium und Rubidium, für die zwar ein Atomzerfall bisher nicht

Uran-Radium-Familie	T	Strahlen	Aktiniumfamilie	T	Strahlen	Thoriumfamilie	T	Strahlen
Uran I	$5 \cdot 10^{9\,a}$	α						
Uran X_1	$23{,}5^{d}$	β						
Uran X_2	66^{s}	$\beta\gamma$						
Uran II	ca. $2 \cdot 10^{6\,a}$	α						
Uran Y	ca. $25{,}5^{h}$	β				Thorium	ca. $1{,}8 \cdot 10^{10\,a}$	α
Protakt. →			→ Protaktinium	?	α	Mesothorium 1	$6{,}7^{a}$	?
			Aktinium	ca. 20^{a}	?	Mesothorium 2	$6{,}2^{h}$	$\beta\gamma$
Ionium	ca. $10^{5\,a}$	α	Radioaktinium	$18{,}9^{d}$	$\alpha\beta\gamma$	Radiothorium	$1{,}9^{a}$	$\alpha\beta$
Radium	1580^{a}	$\alpha\beta$	Aktinium X	$11{,}4^{d}$	α	Thorium X	$3{,}64^{d}$	α
Radiumemanation	$3{,}85^{d}$	α	Aktiniumemanation	$3{,}9^{s}$	α	Thoriumemanation	$54{,}5^{s}$	α
Radium A	$3{,}05^{m}$	α	Aktinium A	$0{,}002^{s}$	α	Thorium A	$0{,}14^{s}$	α
Radium B	$26{,}8^{m}$	$\beta\gamma$	Aktinium B	$36{,}1^{m}$	$\beta\gamma$	Thorium B	$10{,}6^{h}$	$\beta\gamma$
Radium C	$19{,}6^{m}$	$\alpha\beta\gamma$	Aktinium C	$2{,}15^{m}$	$\alpha\beta$	Thorium C	$60{,}4^{m}$	$\alpha\beta$
Radium C″	$1{,}38^{m}$	β	Aktinium C″	$4{,}71^{m}$	$\beta\gamma$	Thorium C″	$3{,}1^{m}$	$\beta\gamma$
Radium C′	ca. $10^{-7\,s}$	α	Aktinium C′	$0{,}003^{s}$	α	Thorium C′	$10^{-11\,s}$	α
Radium D	ca. 16^{a}	$\beta\gamma$	Aktinium D			Thorium D		
Radium E	$4{,}85^{d}$	$\beta\gamma$						
Radium F (Polonium)	136^{d}	α						
Radium G (Blei)	—	—						

T = Halbwertszeit; ^{a} = Jahre; ^{d} = Tage; ^{h} = Stunden; ^{m} = Minuten; ^{s} = Sekunden.

nachgewiesen worden ist, die aber β-Strahlen aussenden und darum den radioaktiven Elementen zugezählt werden müssen. Sieht man von diesen beiden Elementen ab, so lassen sich alle übrigen in zwei „Zerfallsreihen", die „Uranfamilie" und die „Thoriumfamilie", einordnen. Die Übersicht auf Seite 39 zeigt die beiden Familien nach dem neuesten Stande der Wissenschaft. Die gesondert zusammengestellte Aktiniumfamilie bildet einen Zweig der Uranfamilie. Bei jedem Element sind Art der Strahlung und Halbwertszeit angegeben. Aus dem Uran I mit einer Halbwertszeit von 5 Milliarden Jahren entsteht Uran X_1 ($23^1/_2$ Tage Halbwertszeit), daraus Uran X_2 (66 Sekunden), aus diesem Uran II (2 Millionen Jahre). Hier gabelt sich die Reihe, indem Uran II beim Zerfall einerseits und überwiegend (zu etwa 97%) Ionium (100000 Jahre), anderseits Uran Y ($25^1/_2$ Stunden) liefert. Dieses gibt beim weiteren Zerfall Protaktinium, Aktinium usw., jenes Radium, Radiumemanation usw.

Die Nomenklatur der Radioelemente macht einen ziemlich willkürlichen Eindruck. Dieselbe Erscheinung wiederholt sich ja auch sonst in der Chemie. Der Grund ist darin zu suchen, daß man bei der Benennung der zuerst gefundenen Elemente nicht wußte, welche Entdeckungen die Zukunft noch bringen würde, und daß man die genetischen Zusammenhänge zunächst nur lückenhaft kannte.

Zwischen den radioaktiven Muttersubstanzen und ihren selbst weiter zerfallenden Zerfallsprodukten kommt es im Laufe der Zeiten zu einem Gleichgewicht, zu einem konstanten Verhältnis der einzelnen Radioelemente. So verhält sich beispielsweise das Gewicht des Radiums zu demjenigen des Urans, der Stammsubstanz des Radiums, aus welcher es über die verschiedenen Zwischenstufen entsteht, in allen ursprünglichen, d. h. nicht sekundär veränderten Uranmineralien wie 1 : 3 500 000.

Radium. Das Radium war das erste in reiner Form isolierte Radioelement. Das Ehepaar Curie entdeckte es bei Untersuchungen über die Stärke der Radioaktivität der verschiedenen Uranverbindungen und -mineralien in der Joachimstaler Uranpechblende, die ihm ihre große Radioaktivität verdankt. Frau Curie führte die mühselige Abtrennung des nur in Spuren vorhandenen neuen Elements von dessen Begleitern durch, indem sie sich der Radioaktivität als Führers bediente. Das Radium folgte bei der

Isolierung der als Beimengungen in der Pechblende steckenden Elemente dem Barium. Von diesem ließ es sich schließlich durch oft wiederholte fraktionierte Kristallisation der Chloride und Bromide trennen. 1899 gelang es Frau Curie zum ersten Mal, fast reines Radiumchlorid zu erhalten. Es zeigte sich, daß das Radium, von seiner Radioaktivität abgesehen, ein Element wie alle anderen war. Sein Atomgewicht ergab sich zu 226. Damit erhielt es seinen Platz im periodischen System in der Gruppe der alkalischen Erden unterhalb des Bariums, wo sich eine freie Stelle befand. Den Metallen der alkalischen Erden gesellt sich das Radium auch in allen seinen chemischen Eigenschaften deutlich zu. Seine Verbindungen gleichen in Formeln, Löslichkeit usw. den Bariumverbindungen; sie färben die Flamme rot, ähnlich wie Strontiumverbindungen. Das Spektrum entspricht im Charakter den Spektren des Kalziums usw. Das freie Element läßt sich wie Barium durch Erhitzen des Azides oder des elektrolytisch zu gewinnenden Amalgams darstellen und ist ein silberweißes, bei 700° schmelzendes Metall von großer Empfindlichkeit gegen Wasser und Sauerstoff.

Das Radium ist eines der stärkst radioaktiven Elemente. Seine Halbwertszeit beträgt 1580 Jahre. Von einem Gramm Radium, ganz gleich, in welcher Form das Element vorliegt, ob als Metall oder als irgendeine Verbindung, wandelt sich also in 1580 Jahren $^1/_2$ g um; im Jahre etwa $^1/_4$ mg. 1 g Radium entwickelt täglich eine Wärmemenge von etwa 3000 cal., d. i. soviel Wärme, wie die Bildung von 1 g Wasser aus Knallgas liefert. Die starke von Radiumpräparaten ausgehende (α- und β-) Strahlung vermag kräftige chemische Wirkungen auszulösen; sie schwärzt die photographische Platte, rötet farblosen Phosphor, verwandelt Sauerstoff in Ozon, spaltet Wasser in die Elemente, zerstört organische Stoffe, z. B. Körpergewebe. Hierauf beruht die medizinische Anwendung der Radiumpräparate. Daß diese so teuer sind — 1 mg Radium wird mit über 1000 Mark bewertet —, liegt an der Seltenheit des Radiums und der Uranmineralien (Pechblende, Carnotit u. a.), aus denen es dargestellt wird. 1 t Pechblende enthält etwa 0,2 g Radium, von denen ungefähr $^4/_5$ unter vieler Mühe zu gewinnen sind. Die jährliche Erzeugung, größtenteils in Amerika, dürfte 5 bis 10 g Radium entsprechen. Insgesamt werden bisher etwa 50 g des kostbaren Elements dargestellt worden sein. Die Menge „abbauwürdigen“ Radiums auf der Erde schätzt man auf 500 g. Winzige Spuren von Radium finden sich fast überall; wegen der Empfindlichkeit der Radiountersuchungsverfahren sind sie unschwer nachzuweisen. Die Gesteine der Erdoberfläche enthalten durchschnittlich $^1/_{1000}$ mg Radium in 1 t; der Gesamtradiumgehalt des Meerwassers wird zu 20 000 t berechnet.

Radiumemanation. Beim Zerfall des Radiums entstehen unmittelbar α- und β-Strahlen und ein anderes Radioelement, die „Radiumemanation“[1]). Aus einem Atom Radium bilden sich ein α-Teilchen, d. h. ein Atom Helium, und ein Atom[2]) Radiumemanation. Die letztere ist ein dem Radium gänzlich unähnliches Element, nämlich ein in die Heliumgruppe gehörendes einatomiges, chemisch wie die anderen Gase der Gruppe indifferentes Edelgas. Es siedet bei —65°, schmilzt bei —71° und besitzt ein charakteristisches Spektrum. Sein Atomgewicht berechnet sich zu 226 (Atomgewicht des Radiums) — 4 (Atomgewicht des Heliums) = 222. In Übereinstimmung mit diesem theoretischen Wert fanden Ramsay und Gray die (auf die Wasserstoffeinheit bezogene) Gasdichte der Radiumemanation zu 223/2; sie benutzten bei der Bestimmung, für welche nur Bruchteile eines Kubikmillimeters Gas zur Verfügung standen, eine besonders konstruierte Mikrowage höchster Empfindlichkeit. Die Radiumemanation ist ungeheuer radioaktiv, was mit ihrem schnellen Atomzerfall zusammenhängt. Sie zerfällt schon in vier Tagen zur Hälfte. Verflüssigt, zeigt sie im Dunkeln kräftiges Selbstleuchten. Auf einer gewissen Wasserlöslichkeit des Gases beruht hauptsächlich die Radioaktivität der Quellwässer.

Aus der Radiumemanation entsteht dann durch weiteren Atomzerfall eine Reihe anderer Elemente, deren letztes das Blei ist. Bei diesem sind Radioaktivität und Atomzerfall bisher nicht nachgewiesen worden, so daß es als inaktives Endglied der Uranfamilie angesehen werden muß.

Mesothorium. Auf die von der Uranfamilie sich abzweigende Aktiniumreihe und auf die Thoriumfamilie soll hier nicht eingegangen werden.

---

[1]) Ramsay schlug für das Element den — von den maßgebenden „Radiochemikern“ aber nicht anerkannten — Namen „Niton“ vor.

[2]) Richtiger müßte man hier und in ähnlichen Fällen nicht von „Atomen“, sondern von „Ionen“ sprechen. Doch gehen diese durch Neutralisation ihrer elektrischen Ladung unter gewöhnlichen Umständen bald in die nicht mehr elektrisch geladenen Atome über.

Aus letzterer sei nur der technischen Bedeutung halber das 1907 von Hahn entdeckte stark radioaktive und ebenfalls therapeutisch verwendete Mesothorium hervorgehoben, das erste Zerfallsprodukt des Thoriums. Es wird, und zwar stets mit etwa 25% Radium gemengt (die Thoriummineralien enthalten auch Uran), aus den Rückständen der technischen Thoriumdarstellung gewonnen. Die Ausbeuten sind auch hier sehr klein. 1 t Monazitsand, das Ausgangsmaterial für die Thoriumindustrie, von welchem vor dem Kriege jährlich 3500 t verarbeitet wurden, liefert nur so viel Mesothorium, wie an Radioaktivität $2^1/_2$ mg Radium entspricht. Mesothorium zerfällt mit einer Halbwertszeit von 6,7 Jahren weit schneller als Radium. Dabei ergeben sich interessante Verhältnisse für die Haltbarkeit und die Radioaktivität der Mesothoriumpräparate. Deren Radioaktivität erreicht nämlich drei Jahre nach der Darstellung einen Höchstwert, ist nach 10 Jahren so stark wie zu Anfang, nach 20 Jahren nur noch halb so groß und sinkt schließlich, indem praktisch alles Mesothorium zerfällt, auf den Wert, welcher dem in dem Präparat enthaltenen Radium entspricht.

Im ganzen sind von den 35 Radioelementen rund 10 so beständig, daß ihre Darstellung in wägbaren Mengen wohl möglich wäre.

Unterbringung der Radioelemente im periodischen System.

Anfangs standen die Chemiker der großen Zahl neuer Elemente, welche ihnen die Radiochemie bescherte und die alle ins periodische System einzureihen aussichtslos erschien, voller Mißtrauen gegenüber. Merkwürdige Entdeckungen führten aber zu einer befriedigenden Klärung der Dinge. Es ergab sich nämlich, daß mehrere Radioelemente, trotz verschiedener Atommasse und verschiedenen Atomgewichts, chemisch identisch waren, so daß sie in chemischer Hinsicht als ein Element betrachtet und an einer Stelle des periodischen Systems untergebracht werden konnten. Ein solches Elementzwillingspaar sind z. B. Radium und Mesothorium. Obwohl verschiedenen Zerfallsreihen angehörend, aus verschiedenen Radioelementen entstehend und auch beim weiteren Zerfall verschiedene Elemente liefernd und obwohl von verschiedener Lebensdauer und auch von verschiedenem Atomgewicht, verhalten sich diese beiden Elemente chemisch ganz gleich. Sie geben chemisch identische Verbindungen usw. Sind sie einmal miteinander gemischt, so lassen sie sich chemisch überhaupt nicht wieder

Die Stellung der Radioelemente im periodischen System.

Atomgewichte	0 (VIII)	I a b	II a b	III a b	IV a b	V a b	VI a b	VII a b	Atomgewichte
197		**Au**							197
200			**Hg**						200
204				**Tl**					204
206					RaG (AcD)				206
207				βAcC'' 4,7^{m}	**Pb**				207
208				βThC'' 3,1^{m}	ThD	**Bi**			208
210				βRaC'' 1,4^{m}	βRaD 16^{a}	βRaE 4,85^{d}	α**RaF** 136^{d}		210
(210)					βAcB 36^{m}	$\alpha\beta$AcC 2,15^{m}	αAcC' (0,003^{s})		(210)
212					βThB 10,6^{h}	$\alpha\beta$ThC 60,4^{m}	αThC' (10^{-11s})		212
214					βRaB 27^{m}	$\alpha\beta$RaC 19,6^{m}	αRaC' (10^{-7s})		214
(214)							αAcA 0,002^{s}		(214)
216							αThA 0,14^{s}	—	216
218							αRaA 3,05^{m}		218
(218)	αAcEm 3,9^{s}								(218)
220	αThEm 54,5^{s}								220
222	α**RaEm** 3,85^{d}								222
(222)			αAcX 11,4^{d}						(222)
224		—	αThX 3,6^{d}						224
226			α**Ra** 1580^{a}						226
(226)				(β)**Ac**(20^{a})	αRdAc 18,9^{d}				(226)
228			(β)MsTh$_1$ 6,7^{a}	βMsTh$_2$ 6,2^{h}	αRdTh 1,9^{a}				228
230					αIo 10^{5a}	α**Pa**(10^{4}-10^{5a})			230
232					α**Th** 1,8·10^{10a}				232
234					βUX$_1$ 23,5^{d}	βUX$_2$ 1,15^{m}	αU$_{II}$(2·10^{6a})		234
238							α**U$_{I}$** 5·10^{9a}		238

trennen. Entsprechendes wiederholt sich bei anderen Radioelementen. Man nennt solche chemisch gleichen, im übrigen aber verschiedenen Elemente „isotop“ oder „Isotope“ (ἴσος, τόπος), da ihnen der gleiche Platz im periodischen System gebührt. Die Gruppen isotoper Elemente bezeichnet man als „Plejaden“ nach dem bekannten Sternhaufen. Das Element mit der längsten Lebensdauer in einer Plejade wird als „Elementtyp“ betrachtet. Isotope; Plejaden.

Auf Seite 44 sind sämtliche Plejaden und ihre Einfügung ins periodische System wiedergegeben. Alle Radioelemente finden somit im periodischen System Platz. Wie man sieht, sind es die Elemente mit den höchsten Atomgewichten, offenbar also mit den kompliziertesten Atomen, welche dem von Radioaktivität begleiteten Atomzerfall unterliegen.

Es besteht nun ein einfacher gesetzmäßiger Zusammenhang zwischen der Art (α- oder β-Strahlung) des Atomzerfalls und der durch letzteren hervorgerufenen chemischen Änderung der beteiligten Atome („Verschiebungsgesetz“, 1913 von Soddy, Fajans u. a. erkannt). Aus einem Radioelement, welches unter Abgabe eines α-Teilchens, d. i. eines Helium-Ions mit zwei positiven elektrischen Ladungen, zerfällt, bildet sich nämlich ein Element, welches im periodischen System zwei Plätze zurücksteht, dessen Ordnungszahl also um 2 kleiner ist. Durch Abgabe eines β-Teilchens, d. i. eines Elektrons mit einer negativen elektrischen Ladung, entsteht das im periodischen System folgende Element, dessen Ordnungszahl also um 1 höher ist. Beides zusammenfassend kann man sagen: Die Änderung der elektrischen Ladung der Elementatome um eine Einheit entspricht einem Schritt im periodischen System, einer Änderung der Ordnungszahl um 1; und zwar so, daß die Ordnungszahl mit zunehmender positiver Ladung steigt. Diese Erkenntnis beantwortet uns die Frage: Was ist jenes aus dem Moseleyschen Gesetz der Hochfrequenzspektra sich ergebende, zunächst rätselhafte Etwas, das sich im System der Elemente mit der Ordnungszahl von Element zu Element gleichmäßig ändert und das offenbar das eigentliche Wesen dieses „natürlichen Systems“ ausmacht? Es ist die elektrische Ladung, der Elektrizitätsinhalt der Atome! Er bestimmt augenscheinlich die Stellung eines jeden Elements im System, das man übrigens wie bisher weiter „periodisches“ System nennen kann, da ihm ja die Periodizität der chemischen Erscheinungen nach wie vor anhaftet. Verschiebungsgesetz.

Das Atomgewicht ändert sich bei der Entstehung neuer Elemente durch den Atomzerfall in der Art, daß es bei Abgabe eines β-Teilchens (Masse: $^1/_{1800}$ der Masse des Wasserstoffatoms) praktisch unverändert bleibt, bei Abgabe eines α-Teilchens (Masse: 4, d. i. das Atomgewicht des Heliums) sich um 4 verringert.

Atomzerfall des Urans. So ergibt sich z. B. für den Atomzerfall des Urans das folgende Bild:

U_I (Uran VI 238) $\alpha \rightarrow$ UX_1 (Thorium IV 234) $\beta \rightarrow$ UX_2 (Protaktinium V 234) $\beta \rightarrow$
U_{II} (Uran VI 234) $\alpha \rightarrow$ Io (Thorium IV 230) $\alpha \rightarrow$ Ra (Radium II 226) $\alpha \longrightarrow$
RaEm (Radiumemanation O 222) $\alpha \rightarrow$ RaA (Radium F oder Polonium VI 218) $\alpha \rightarrow$
RaB (Blei IV 214) $\beta \rightarrow$ RaC (Wismut V 214) $\beta \rightarrow$ RaC′ (Polonium VI 214) $\alpha \longrightarrow$
RaD (Blei IV 210) $\beta \rightarrow$ RaE (Wismut V 210) $\beta \rightarrow$ RaF (Polonium VI 210) $\alpha \longrightarrow$
RaG (Blei IV 206).

Die Zusammenstellung bringt die Symbole der nacheinander auftretenden Elemente und bei jedem den Elementtyp, dem es chemisch gleicht, die Gruppennummer des periodischen Systems, das Atomgewicht und die Art der Strahlung beim weiteren Zerfall. Wir finden hier chemisch gleiche Elemente mit verschiedenen Atomgewichten, z. B. in der Bleiplejade RaB (214), RaD (210), RaG (206), aber auch chemisch verschiedene Elemente mit gleichem Atomgewicht, z. B. mit dem Atomgewicht 210 RaD (Elementtyp: Blei), RaE (Wismut), RaF (Polonium).

Wer die Entwicklung der Radiochemie nicht selbst genauer verfolgt hat und nur ihre für den chemischen Verstand der „guten, alten Zeit" schier unbegreiflichen Ergebnisse sieht, der möchte wohl den Kopf schütteln und an Hirngespinste der „Radiologen" glauben. Und doch hat alles seine Richtigkeit! Einwandfreie Die Bleiisotopen. Experimente haben es bewiesen. Z. B. für die Bleiisotopen. Blei, welches durch Zerfall von Radium bzw. Uran entstanden ist (RaG), muß nämlich ein niedrigeres Atomgewicht haben als gewöhnliches Blei. Das Atomgewicht des letzteren ist sehr genau bekannt: 207,19. Für RaG („Uranblei") berechnet sich das Atomgewicht, je nachdem man das experimentell bestimmte Atomgewicht des Urans (238,18) oder dasjenige des Radiums (225,96) zugrundelegen will, zu

238,18—32,00 (entsprechend 8 abgegebenen Heliumatomen) = 206,18 oder
225,96—20,00 („ 5 „ „) = 205,96,

also in befriedigender Übereinstimmung im Mittel zu 206,07. In der Tat ergaben Atomgewichtsbestimmungen, welchen die erfahrensten Atomgewichtsforscher (Richards, Hönigschmid) reinsten Uranerzen (z. B. einer Pechblende von Morogoro in Ostafrika) entstammende Bleiproben unterwarfen, den Wert 206,08. Da die Theorie in diesem Falle einwandfrei experimentell bestätigt wurde, darf man ihr auch im übrigen vertrauen. Die Vergleichung des Uranbleis mit dem gewöhnlichen Blei gestattete vielerlei für die Auffassung der Isotopie wertvolle Feststellungen. Beide Bleiisotope zeigten trotz der Verschiedenheit im Atomgewicht genau die gleichen chemischen Eigenschaften, fast gleiches Spektrum (bis auf einen winzigen Unterschied in einer Linie), das gleiche Röntgenspektrum, den gleichen Schmelzpunkt usw. Nur bei den vom Atomgewicht der Elemente oder vom Molekulargewicht der Verbindungen abhängenden physikalischen Eigenschaften, wie z. B. bei der Dichte der Metalle, ergaben sich der Atomgewichtsdifferenz entsprechende Unterschiede:

	Atomgewicht	Dichte	Atomvolumen
Gewöhnliches Blei . .	207,19	11,337	18,277
Uranblei	206,08	11,273	18,281.

Ähnlich lagen die Verhältnisse bezüglich der Löslichkeit der Salze; bei etwas abweichenden absoluten Löslichkeitswerten stimmten die molaren Löslichkeiten überein.

Andere Bleiisotope, für welche sich ein höheres Atomgewicht berechnet als für das gewöhnliche Blei, gehören der Thoriumfamilie an. Wirklich fand Hönigschmid das Atomgewicht eines „Thoriumbleis“ zu 207,90, so daß also jetzt bereits für die Bleiisotopen ein Atomgewichtsbereich von 206,08 bis 207,90, d. h. eine Differenz von beinahe 1%, experimentell festgestellt ist.

Auch beim Thorium ließen sich die theoretischen Schlußfolgerungen durch das Experiment stützen. Während das Atomgewicht des gewöhnlichen Thoriums 232,15 ist, ergab sich dasjenige eines Thoriums, welches isotopes Ionium (theoretisches Atomgewicht: 230) enthalten mußte, zu 231,5.

Bedeutung der Radiochemie.

So viel über die bisherigen Erfolge der Radiochemie. Ihr Wert strahlt weit über ihr eigentliches Gebiet hinaus. Sie gewähren uns einen sicheren Einblick in die Struktur der Materie. Sie beweisen, was so lange umstritten war, daß die Umwandlung eines Elements in andere möglich ist, daß wir unsere Anschauung von den chemischen Grundstoffen verändern und in ihnen nur chemisch außerordentlich widerstandsfähige Gebilde, aber nicht die letzten Bausteine der Materie sehen dürfen. Sie lüften den Schleier, der über dem Wesen des periodischen Systems lag. Sie erweitern unsere Kenntnis von der Erde und von der Welt. 1 g Thorianit enthält — es wurde schon erwähnt — 9 ccm Helium und erzeugt doch nach seinem Thoriumgehalt davon jährlich nur $3{,}7 \cdot 10^{-8}$ ccm; also müssen mindestens 240 Millionen Jahre vergangen sein, seit sich dieses Urgestein in fester, das Helium am Entweichen hindernder Form in der Erdkruste befindet. Die Wärmemengen, welche durch den Atomzerfall dauernd frei werden, bringen einen neuen, bisher unberücksichtigten Faktor in die Wärmebilanz des Weltsystems. Sie werfen alle früheren Berechnungen, welche das Erdalter aus der Abkühlungszeit unseres Planeten erschließen wollten, über den Haufen. Nach The Svedberg würde ein Durchschnittsgehalt von $2 \cdot 10^{-9}$ g Radium im Kubikmeter Erdmasse genügen, um die Erdtemperatur durch Ausgleich des Wärmestrahlungsverlustes konstant zu halten; in Wirklichkeit ist aber der Radiumgehalt, wenigstens in den oberen Erdschichten, wahrscheinlich wesentlich größer.

Zukunft der Radiochemie.

Und was wird die Radiochemie weiter bringen? Wird es gelingen, den Atomzerfall nach Wunsch zu lenken? Der alte Alchemistentraum, aus Blei Gold herzustellen, erscheint uns heute nicht mehr so lächerlich wie noch vor zwei Jahrzehnten. Wird man lernen, die Riesenenergiemengen, welche beim Atomzerfall zu erhalten sind, nutzbar zu machen? 1 Grammatom Radium liefert, wenn es vollständig in Blei, Helium und Elektronen zerfällt, 10^{11} cal.; die Energieänderung bei der Bildung einer Verbindung aus je einem Grammatom zweier einwertiger Elemente von großer gegenseitiger Affinität beträgt nur etwa 10^5 cal., also den millionsten Teil jenes Wertes.

Atomzerfall der nicht-radioaktiven Elemente.

Doch begnügen wir uns mit bescheideneren Fragen, deren Lösung wir von der Zukunft erhoffen! Wie steht es mit dem Atomzerfall der Elemente, an denen Radioaktivität noch nicht nachgewiesen werden konnte? Soll es eine Gruppe von Elementen geben, die Radioelemente, deren Atome zerfallen, und eine andere, deren Atome unveränderlich sind? Man kann an einen solchen Gegensatz nicht glauben. Führt doch auch schon ein Steg von den Radioelementen zu den übrigen Elementen: die β-Strahlung der Elemente Kalium und Rubidium. Man darf nicht vergessen, daß wir den Atomzerfall bis jetzt überhaupt nur dort feststellen können, wo er mit besonders heftigen und nachweisbaren Begleiterscheinungen verbunden ist, eben jenen, die wir als „Radioaktivität" bezeichnen. Vielleicht bedarf es nur einer Verfeinerung der Verfahren oder des Auffindens neuer Wege, um auch einen genetischen Zusammenhang zwischen den nicht radioaktiven Elementen aufzudecken. Daß diese sehr beständig sind, wahrscheinlich noch viel beständiger als Uran und Thorium mit ihren Halbwertszeiten von etlichen Milliarden Jahren, ist wohl sicher und sei zur Beruhigung derer, die sich dem schwierigen Studium der Chemie der Elemente ergeben wollen, besonders betont. Offenbar zerfallen die Atome kleineren Gewichts noch langsamer als die schwereren, und 99 Hundertstel der oberflächlichen Erdschicht bestehen aus Elementen, deren Atomgewicht unter 60 liegt.

Die auffallende Vergesellschaftung gewisser Elemente in bestimmten Mineralien läßt sich als Zeichen für genetische Beziehungen deuten, wie man ja auch z. B. in jedem Uranerz die nicht zu kurzlebigen Zerfallsprodukte des Urans (Radium, Polonium, Blei usw.) findet. Vielleicht sind manche Elemente, die wir als einheitlich ansehen, chemisch nicht zu trennende Gemische von Isotopen[1]). Dann sollte man freilich erwarten, gelegentlich Mischungen zu finden, die verschiedenen Gehalt an den einzelnen Isotopen aufweisen und sich deshalb im Atomgewicht unterscheiden. Außer beim Blei und den eigentlichen Radioelementen hat man allerdings bisher derartiges noch nicht feststellen können. So haben sich bei Atomgewichtsbestimmungen an deutschem und amerikanischem Kupfer, an Kalzium aus amerikanischem und italienischem Kalkspat, an Natrium aus Chloriden allerverschiedenster Herkunft, an Silber und Eisen irdischen und meteoritischen Ursprungs keine Unterschiede ergeben. Doch wird der Frage erst seit kurzem größere Beachtung geschenkt; insbesondere hat man sie kaum vom Standpunkt der Radiochemie aus behandelt. Dieser wird erst jetzt zur Geltung gebracht. So äußerte kürzlich Hahn die Ansicht, daß wohl Atomgewichtsbestimmungen gewisser Kalzium-, Strontium- und Barium-Vorkommnisse Abweichungen von den gewöhnlichen Werten geben könnten. Es läßt sich nämlich annehmen, daß bei der experimentell sichergestellten Abgabe von β-Teilchen aus Kalium (Atomgewicht: 39) das folgende Element, nämlich Kalzium, aus Rubi-

[1]) Vgl. die Anmerkung auf S. 50.

dium (85,5) Strontium und aus Cäsium (132,8), sofern auch dieses dem Atomzerfall unterliegt (wofür sich allerdings ein Beweis noch nicht erbringen ließ, da das Element nicht radioaktiv ist), Barium entstehen. Diese Zerfallsprodukte müssen dann Atomgewichte haben, die mit denen der Muttersubstanzen übereinstimmen (39; 85,5; 132,8) und von denen des gewöhnlichen Kalziums, Strontiums und Bariums (40; 87,6; 137,4) sehr erheblich abweichen. Durch Atomgewichtsbestimmungen an Kalzium, welches aus Kaliummineralien, z. B. Kalifeldspat, gewonnen worden ist, usw. sollte sich dies experimentell prüfen lassen.

Die Radiochemiker meinen, daß wohl manche der Elemente, die sich auf der Erde finden, Gemenge von Isotopen sind und daß sich dadurch die Unregelmäßigkeit der Atomgewichte erklärt, welche den Aufbau der Atome aus einheitlichen Bausteinen nicht scharf erkennen läßt. In einem Isotopengemisch überwiegen Elemente von niedrigerem, in anderen solche von höherem Atomgewicht. Wenn trotzdem Proben eines und desselben Elements von verschiedener Herkunft keine Unterschiede im Atomgewicht zeigen, so will Richards dies dadurch erklären, daß einst eine vollständige Durchmischung aller Elemente, aus denen sich die Erde zusammensetzt, in flüssigem oder gasförmigem Zustande stattgefunden habe. Nur in gewissen Fällen konnten sich seitdem durch Atomzerfall nachweisbare Atomgewichtsverschiedenheiten wieder herausbilden.

Übrigens muß es, wenn auch nur auf umständliche Weise, möglich sein, Isotopengemische in ihre Bestandteile zu zerlegen, sobald man sich dafür solcher physikalischen Verfahren bedient, bei denen die Verschiedenheit der Atom- bzw. Molekulargewichte eine Rolle spielt, wie z. B. der fraktionierten Diffusion. Auch die „Kanalstrahlanalyse" ist hier zu gebrauchen, die gestattet, Masse und Einheitlichkeit der untersuchten Atomgattungen durch Messung der magnetischen und elektrischen Ablenkung zu prüfen.[1])

Rutherford hat kürzlich durch Einwirkung von α-Strahlen auf Stickstoff α-strahlähnliche Teilchen von ungewöhnlich großer Reichweite (28 cm) erhalten, in denen er „Wasserstoff-α-Strahlen", d. h. rasch bewegte Wasserstoffionen $H^{\cdot}$ sieht und die ihm

[1]) F. W. Aston glaubt, auf diesem Wege bewiesen zu haben, daß das atmosphärische Neon (Atomgewicht 20,20) ein Gemisch zweier Isotopen von den Atomgewichten 20,00 und 22,00 ist und daß Chlor aus zwei Elementen von den Atomgewichten 35 und 37 besteht.

als Beweis für die Entstehung von Wasserstoff aus Stickstoff erscheinen. Demnach bildeten Wasserstoffatome einen Bestandteil des Stickstoffatomkerns. Man darf weiteren Arbeiten auf diesen Gebieten mit besonderer Spannung entgegenblicken.

Die Ergebnisse der Ultra-Strukturchemie.

Nach der Übersicht über die Arbeitsweisen sei nun über die wichtigsten Ergebnisse der Ultra-Strukturchemie berichtet; zunächst über die Fortschritte, welche unsere Kenntnis vom Bau kristallisierter Stoffe der Röntgenoptik, insbesondere dem Verfahren von Debye und Scherrer, verdankt.

Das Wesen der Kristalle.

Die neue Kristallographie bestätigt die alte Annahme, daß die Kristalle durch gleichmäßige Lagerung ihrer Strukturbausteine nach bestimmten Gesetzen zu Raumgittern zustande kommen. Diese Kristallgitter kann man sich durch Übereinanderlagerung von Flächen gewisser Atomanordnung auf Grund verschiedener Symmetrieprinzipien entstanden denken. Der Abstand der Gitterelemente in den Kristallen hat die Größenordnung 10^{-8} bis 10^{-7} cm.

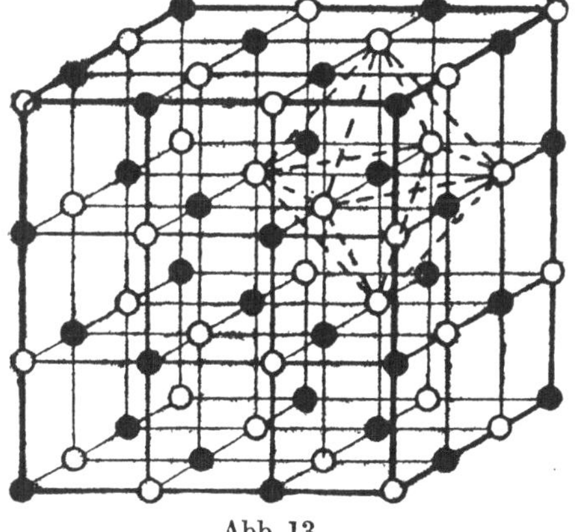

Abb. 13.

Der Kristall läßt keine Gliederung in Moleküle mehr erkennen. Die oder wenigstens gewisse Atome eines Moleküls sind, wie untereinander, so auch an die Atome der umgebenden Moleküle gebunden. Offenbar beruht der Zusammenhalt der Atome im Kristall auf keinen anderen als auf den gewöhnlichen, von Atom zu Atom wirkenden chemischen Kräften. Es ist darum müßig, nach der Molekulargröße kristallisierter Stoffe zu fragen. Zu ähnlichen Ansichten gelangte übrigens schon früher vom Standpunkte der Wernerschen Anschauungen P. Pfeiffer, der die Kristalle als überaus hochmolekulare, den Anlagerungsgesetzen der Koordinationslehre folgende Molekülverbindungen bezeichnete.

Struktur des Natriumchlorids.

Abb. 13 zeigt die würfelartige Lagerung der Natrium- und Chloratome (Punkte und Kreise) im Kochsalzkristall. Wie man erkennt, sind Natrium und Chlor vollständig gleichartig angeordnet. Ein jedes Natriumatom ist von sechs Chloratomen in Oktaedereckenanordnung regelmäßig umgeben, und ebenso jedes Chloratom von sechs Natriumatomen. Die Kante eines „Elementarwürfels" wurde bei allen untersuchten Kristallproben in genauester Übereinstimmung zu $2{,}814 \cdot 10^{-8}$ cm gefunden. Bei den ganz entsprechend gebauten Kristallen des Lithiumfluorids gelang Debye und Scherrer der Nachweis, daß die Gitterpunkte nicht durch elektrisch neutrale Lithium- und Fluoratome, sondern durch positiv geladene Lithiumatome und negativ geladene Fluoratome, d. h. durch dieselben Ionen $Li^{\cdot}$ und F' besetzt sind, welche den Chemikern von der Elektrolyse her vertraut sind. Dieser Befund ist außerordentlich interessant und geeignet, ein sehr klares und einfaches Bild mancher Erscheinungen zu geben. Offenbar sind es die bekannten, zwischen Teilchen verschiedennamiger elektrischer Ladung wirksamen elektrostatischen Kräfte, welche die Ionen in solchen Kristallen zusammenhalten. Hiermit stehen Untersuchungen von Born im Einklang, welcher auch die mechanischen und noch andere Eigenschaften der Kristalle durch diese elektrischen Kräfte erklärte und z. B. feststellte, daß man die experimentell ermittelte Zusammendrückbarkeit der Alkalihaloidkristalle rechnerisch findet, wenn man den elastischen Widerstand der Kristalle gegenüber Druck auf jene elektrischen Kräfte zurückführt. Der Vorgang, der sich z. B. beim Lösen von Natriumchlorid in Wasser abspielt, besteht augenscheinlich nur darin, daß sich die in den Kristallen schon vorhandenen, elektrostatisch aneinander festgehaltenen $Na^{\cdot}$- und Cl'-Ionen in dem stark dielektrischen Lösungsmittel voneinander trennen.

Struktur der Metalle.

Nach Haber kommen ähnliche Strukturen den Metallen zu. Man erhält z. B. die Struktur des Natriumkristalls, wenn man sich im Natriumchloridkristall die Natriumionen $Na^{\cdot}$ unverändert, die Chlorionen Cl' aber durch freie Elektronen ersetzt denkt. Wahrscheinlich hängt die elektrische Leitfähigkeit der Metalle mit dem Vorhandensein freier Elektronen zusammen.

An der Oberfläche eines Kristalls fehlt das Gleichgewicht der elektrostatischen Wirkungen. Dort werden elektrische Kräfte nach außen wirken können und zur Ursache besonderer Erscheinungen werden, wie der Adsorption, der bekannten mannigfaltigen oberflächenelektrischen Vorgänge u. dgl.

Mischkristalle, etwa von Natriumchlorid und Lithiumfluorid, entstehen nicht, indem sich die beiden Molekülarten durchsetzen, sondern dadurch, daß sich die einzelnen Atome beider Bestandteile in zufälliger, nur bezüglich des elektrischen Ladungssinnes orientierter Anordnung zum Kristallgitter aufbauen. Es vertreten sich also beliebig einerseits $Na^{\cdot}$ und $Li^{\cdot}$, anderseits Cl' und F'. Mischkristalle.

Auch dem Kristallgitter des Diamants liegt eine würfelförmige Anordnung der Kohlenstoffatome zugrunde. Jedem einzelnen Kohlenstoffatom zunächst stehen 4 Nachbarkohlenstoffatome in den Ecken eines umschriebenen Tetraeders: an diese 4 Kohlenstoffatome sind seine 4 Valenzen gebunden. Die Kantenlänge des „Elementarwürfels" beträgt hier $3{,}53 \cdot 10^{-8}$ cm. Struktur des Diamants.

Interessant ist es, mit der Atomanordnung im Diamant diejenige im Graphit zu vergleichen, über dessen kristallographische Verhältnisse bisher große Unklarheit herrschte. Nach Debye und Scherrer folgen sich im Graphit in Abständen von je $3{,}41 \cdot 10^{-8}$ cm Gitterebenen, in denen die Kohlenstoffatome liegen. Und zwar befinden sich diese innerhalb jeder Ebene in den Ecken regelmäßiger Sechsecke, wodurch eine wabenförmige Anordnung entsteht (vgl. Abb. 14). Die Seitenlänge der Sechsecke ist $1{,}45 \cdot 10^{-8}$ cm. In den aufeinandergeschichteten Gitterebenen stehen die Atome nicht unmittelbar übereinander; erst in der dritten Ebene befinden sie sich wieder senkrecht über denjenigen der ersten Ebene. Von jedem Kohlenstoffatom strahlen 3 gleichwertige Valenzen in Winkeln von je 120° zu den 3 Nachbaratomen derselben Ebene aus; die vierten, ungleichwertigen Valenzen der Kohlenstoffatome greifen abwechselnd nach oben und unten nach Atomen der Nachbarebenen und stellen die Verbindung zwischen den Gitterebenen her. Dem größeren Abstand, in welchem diese vierten Valenzen wirken, entspricht eine lockerere Bindung. Während die wabenförmig verketteten Atome fest gebunden sind, läßt sich die Lage der Gitterebenen verhältnismäßig leicht verändern, sowohl durch gleitende Verschiebung der Ebenen gegeneinander als auch durch Verkleinerung des Abstandes der Ebenen. So erklärt sich einerseits die leichte Spaltbarkeit des Graphits in Richtung der Gitter- Struktur des Graphits.

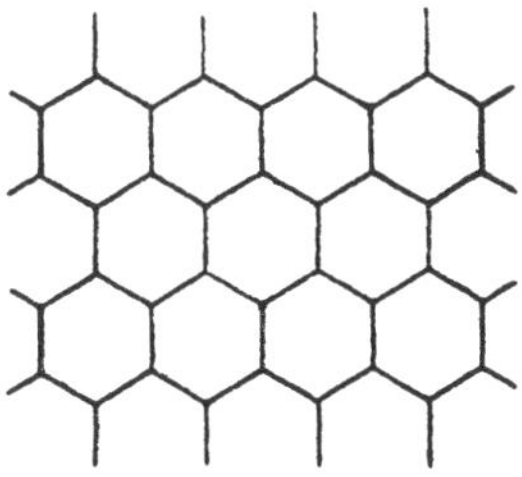

Abb. 14.

ebenen, anderseits seine Zusammendrückbarkeit in der dazu senkrechten Richtung. Durch Pressung läßt sich der Abstand der Ebenen bis um 15%, und zwar dauernd, verringern. Auf der Weichheit und Elastizität des Graphits beruhen ja einige seiner technischen Anwendungen, z. B. für Schreibzwecke und als Schmiermittel.

Bemerkenswerterweise ist der sogenannte „amorphe" Kohlenstoff in seiner Struktur vom Graphit nicht wesentlich verschieden. Auch er besteht aus kristallinischen Teilchen, allerdings winziger Abmessungen. Aus der Breite der in den Photogrammen auftretenden Linien ergibt sich, daß die einzelnen „Kristallite" oftmals nur etwa 30 Kohlenstoffatome umfassen.

Das chemische Verhalten der Kohlenstoffmodifikationen entspricht diesen Struktur- und Valenzvorstellungen durchaus. Der Diamant besitzt höchste Widerstandsfähigkeit; seine Kohlenstoffatome sind aus ihrem festen Verbande kaum herauszubringen. Graphit und „amorpher" Kohlenstoff werden viel leichter angegriffen. Bei der Oxydation entsteht u. a. Mellithsäure (Benzol-Hexakarbonsäure), deren Kohlenstoffgerüst noch ein Bruchstück der „Kohlenstoffwaben" darstellt und das Sechseck der Graphitatomgruppierung im Benzolkern noch erhalten hat.

COOH
HOOC COOH
HOOC COOH
COOH

Mellithsäure.

Kristallinische Struktur scheinbar amorpher Stoffe. Die röntgenoptische Untersuchung hat ergeben, daß außer dem Kohlenstoff auch andere Stoffe, welche man für amorph hielt, in Wirklichkeit feinkristallinisch sind. Dies gilt z. B. für das „amorphe" Silizium, das bei einem Abstand zweier Siliziumatome von $2{,}3 \cdot 10^{-8}$ cm die Gitterstruktur des Diamants besitzt. Auch viele kolloide Substanzen zeigen kristallinischen Bau. So erwiesen sich die kleinsten, im Ultramikroskop nicht mehr sichtbaren Teilchen in einer kolloiden Goldlösung als winzige Kristallwürfelchen, bei denen längs einer Würfelkante nur 4 bis 5 Goldatome liegen. Dagegen sind die typischen organischen Kolloide, wie Eiweiß, Kasein, Zellulose, Stärke, wirklich amorph; sie bestehen offenbar aus regellos gelagerten Einzelmolekülen.

Das neue Atombild. Wir gehen weiter und kommen zur Struktur der einzelnen Atome selbst, zu dem Atombild, an dem die Physik emsig arbeitet und welches die folgenden Ausführungen schildern sollen, ohne dazu kritisch Stellung zu nehmen.

Die Atome sind aus kleineren Bausteinen zusammengesetzt. Als solche wurden, z. B. durch die radiochemischen Forschungen, festgestellt: andere Atome von gleichem oder kleinerem Gewicht, Helium-Ionen He¨ (α-Strahlen)[1]) und Elektronen (β-Strahlen).

Aus dem Moseleyschen Gesetz, nach welchem die Quadratwurzel aus der Schwingungszahl entsprechender Röntgenspektrumlinien der „Ordnungszahl" der Elemente proportional ist, muß gefolgert werden, daß es eine sich proportional der Ordnungszahl ändernde Eigenschaft der Atome gibt, daß also die Elementatome mindestens in dieser einen Hinsicht eine ununterbrochene Reihe gleichartiger Bauten sind. Diese Eigenschaft ist offenbar, wie u. a. das Verschiebungsgesetz der Radiochemie zeigt, die elektrische Ladung der Atome: Die positive elektrische Ladung (und zwar des Atomkerns; hierauf wird gleich eingegangen werden) wächst gleichzeitig mit der Ordnungszahl um je eine Einheit. Man kann die Zahl dieser positiven elektrischen Ladungen der Ordnungszahl gleichsetzen (van den Broek 1913), ohne auf Widersprüche zwischen Theorie und Erfahrung zu stoßen.

Der Atomkern.

Die positive elektrische Ladung ist nach Untersuchungen Rutherfords über die Ablenkung, welche die positiv geladenen α-Teilchen beim Hindurchfliegen durch Atome verschiedener Elemente erfahren, in einem sehr kleinen Raum des Atoms (Größenordnung: 10^{-13} bis 10^{-12} cm) konzentriert. Das gleiche gilt für die „Masse" des Atoms. Man spricht von dem positiv geladenen „Atomkern". Aus der Größe der Kraft, mit welcher die positiven Kerne verschiedener Atomarten das α-Teilchen abstoßen, ergab sich, daß die im Atomkern vereinigte positive Ladung, die „Kernladung", in ihrer Größe der Ordnungszahl des betreffenden Elements entspricht. Unter „Kernladung" ist die „freie" positive elektrische Ladung, d. h. die Zahl der „überschüssigen", nicht durch negative Ladungen (Elektronen) neutralisierten positiven elektrischen Elementarquanten zu verstehen. Ob und wie viele durch Elektronen neutralisierte positive Ladungen sonst noch in den Atomkernen vorhanden sind, läßt sich von vornherein nicht sagen. Doch zeigt die Abspaltung von Elektronen (β-Strahlen) beim Atomzerfall, der zweifellos den Atomkern betrifft und aufspaltet, daß auch Elektronen, also

[1]) Nach den erwähnten neuesten Untersuchungen Rutherfords wohl auch Wasserstoff-Ionen H˙.

negative elektrische Ladungen zu den Bestandteilen des Kerns gehören. In diesen entsprechender Zahl müssen auch weitere positive Ladungen außer den überschüssigen „freien“ positiven Ladungen im Kern enthalten sein.

Daß im Atomkern nicht etwa stets nur so viele α-Teilchen (Helium-Ionen mit je zwei positiven Ladungen) vorhanden sind, wie der freien positiven Ladung entsprechen, ergibt sich aus den Atomgewichten. Betrachten wir als Beispiel das schwerste Atom, das Uranatom. Seine Ordnungszahl und also auch die Zahl der freien positiven Ladungen sind 92. 92 positive Ladungen entsprechen 46 Helium-Ionen. Deren Gesamtgewicht ist, wenn die Atomgewichte in dem üblichen Maß (Sauerstoffatomgewicht = 16) ausgedrückt werden, $4 \cdot 46 = 184$. In Wirklichkeit ist aber das Atomgewicht des Urans 238. Weil die Gewichte der Elektronen, deren „Atomgewicht“ ja nur $^1/_{1800}$ ist, für diese Betrachtungen praktisch keine Rolle spielen, kommt man auch von diesem Gesichtspunkt zu dem Schluß, daß das Uranatom bzw. dessen Atomkern noch andere Massebestandteile enthalten muß als jene 46 Helium-Ionen. Man könnte sich den Kern des Uranatoms beispielsweise aus 59 Helium-Ionen $He^{\cdot\cdot}$, 2 Wasserstoff-Ionen $H^{\cdot}$ und 28 Elektronen aufgebaut denken. Er hätte dann $2 \cdot 59 + 2 \cdot 1 - 28 = 92$ freie positive Ladungen, und sein Gewicht betrüge $4 \cdot 59 + 2 \cdot 1 = 238$. Doch sind dies willkürliche Annahmen.

Die Kernladung als Grundlage des periodischen Systems.

Stellt man sich auf den Boden dieser Anschauungen, so hat man das periodische System als die Anordnung der Elemente nach steigenden, und zwar von Element zu Element um je eine Einheit steigenden, freien positiven elektrischen Atomkernladungen anzusehen. Die den (vom Wasserstoff [Kernladung: 1] bis zum Uran [Kernladung: 92]) möglichen Kernladungen entsprechenden 92 Elemente sind, wie früher ausgeführt wurde, bis auf 5 bekannt. Es haben sich also bereits fast alle möglichen Atombauten auffinden lassen.

Die Elektronen im Atom.

Das Elementatom ist unter gewöhnlichen Umständen, wenn es nämlich nicht als „Ion“ elektrische Ladung angenommen hat, elektrisch neutral. Darum muß es noch eine den freien positiven Kernladungen gleiche Zahl von „freien“ Elektronen enthalten, deren Zahl also auch mit der Ordnungszahl um je eine Einheit steigt. Der außerhalb des Atomkerns liegende Raum, in welchem sich diese Elektronen befinden, die „Elektronensphäre“, ist ungleich größer als derjenige des Kerns, wie sich wiederum aus den erwähnten Untersuchungen Rutherfords ergab; er entspricht dem eigentlichen „Atomvolumen". Als Größenordnung für den gewöhnlichen gesamten Atomdurchmesser ist auf Grund vieler experimenteller Beweise 10^{-8} cm anzunehmen.

In Übereinstimmung mit diesen Darlegungen bestätigen auch die sonstigen Erfahrungen, daß es zwei sich durch ihre Lage unterscheidende Arten von Elektronen gibt, nämlich:

1. die in der Elektronensphäre des Atoms befindlichen verhältnismäßig lose gebundenen „Außenelektronen". Sie werden, wenigstens zum Teil, von den Atomen unter vielerlei Umständen, durch thermische, elektrische, optische, chemische Einwirkungen, abgegeben und aufgenommen. Dabei entstehen dann die positiv oder negativ geladenen Atome, die Ionen. Änderungen hinsichtlich der Außenelektronen ändern nicht die Grundnatur des betreffenden Atoms, wohl aber den oberflächlicheren chemischen Charakter, z. B. die Wertigkeit, d. h. die Zahl der Valenzen. Außenelektronen

2. die im Atomkern befindlichen, viel fester gebundenen „Kernelektronen". Sie lassen sich durch äußere Einwirkung vom Atom nicht abtrennen und werden nur beim „Atomzerfall" spontan abgegeben. Ihr Verlust verändert das Atom von Grund auf, indem er eine tiefgehende Umlagerung der Atombestandteile veranlaßt und aus dem einen Element ein anderes Element macht. Änderungen im Atomkern sind mit den gewaltigen Energieverschiebungen verknüpft, die in den Äußerungen der Radioaktivität zum Ausdruck kommen und die das Millionenfache der Energieumsätze gewöhnlicher chemischer Vorgänge betragen. Kernelektronen

Die beweglicheren Außenelektronen sind die Ausgangspunkte für die Strahlungen, welche die Atome emittieren können. Ihre Schwingungen geben offenbar die Impulse für die Strahlungen verschiedenster Wellenlänge, von den ultraroten bis zu den Röntgenstrahlen. Veranlaßt werden die Elektronenschwingungen durch allerlei von außen kommende Einwirkungen, durch thermische und optische (sichtbares, Röntgen-Licht), durch Elektronenstöße (Kathodenstrahlen) u. dgl.

Es sind die zwischen dem positiven Atomkern und den negativen sich untereinander abstoßenden Elektronen wirkenden elektrostatischen Anziehungskräfte, welche die Elektronen im Bereiche des Atomkerns und innerhalb des Atomverbands festhalten.

Diese elektrostatischen Kräfte lassen sich unter gewissen Bedingungen, wie bei der Elektrolyse, durch solche entgegengesetzter Richtung, die von außen auf das Atom einwirken, überwinden. So gelingt die Ablösung der am lockersten gebundenen Elektronen, wobei die Höhe der aufzuwendenden Energie das Maß für die Festigkeit der Elektronenbindung abgibt (Ionisierungsarbeit). Ersichtlich werden die Außenelektronen um so fester gebunden, in ihrer Bewegungsfreiheit um so stärker gehemmt sein, je näher sie sich dem Atomkern befinden. Je mehr sie sich von diesem entfernen, um so größere Beweglichkeit gewinnen sie. Die leicht, z. B. bei der Elektrolyse abzulösenden „Valenzelektronen“ sind in der äußersten Schicht der Elektronensphäre zu suchen. Den Sitz für die Emission der kürzestwelligen Strahlen, der Röntgenstrahlen, sieht man in dem dem Atomkern benachbarten Elektronenbezirk. Die äußeren Bezirke liefern Strahlungen allmählich steigender Wellenlängen, die längerwelligen Röntgenstrahlen, vermutlich die noch unbekannten Strahlen zwischen Röntgen- und ultraviolettem Licht, die ultravioletten, die sichtbaren, die ultraroten Strahlen usw.

Valenzelektronen.

Atombau und Atomeigenschaften.

Die Anordnung der Elektronen im Atom und damit zugleich alle chemischen und optischen Eigenschaften des betreffenden Elements hängen nur von der freien elektrischen (stets positiven) Ladung des Atomkerns ab. Dagegen werden die Masse und das Gewicht, sowie die Beständigkeit und Lebensdauer des Atoms, welch letztere in der Geschwindigkeit des Atomzerfalls und in der Stärke der Radioaktivität zum Ausdruck kommen, nicht von der freien Ladung, sondern vom Bau des Atomkerns bedingt. — Verliert ein Atom ein α-Teilchen, d. h. 2 positive Ladungen, und dann noch 2 β-Teilchen, d. h. 2 negative Ladungen, so hat sein Kern danach wieder die ursprüngliche freie Ladung, und das neue Atom ist wieder derselbe „Elementtyp“ wie zuvor trotz des um 4 Einheiten kleiner gewordenen Atomgewichts. Verliert es aber aus seinem Kern ein β-Teilchen, so nimmt seine freie positive Kernladung um ein Elementarquantum zu, und es wird zu einem neuen Element, ohne daß es sein Gewicht nachweisbar änderte. So erklärt sich das Verschiebungsgesetz der Radiochemie. Die Atommasse (das Atomgewicht) tritt also hier wie bei der neuen Auffassung des periodischen Systems in den Hintergrund. Man darf sie bei Spekulationen über den Atombau schon deshalb nur mit Vorsicht heranziehen, weil sich die Elektronen in den Atomen höchst wahrscheinlich im Zustande schneller Bewegung befinden und dadurch nach dem früher Gesagten scheinbare Masse vortäuschen können.

Ein neutrales Atom enthält im ganzen, also im Kern und in der Elektronensphäre zusammen, gleich viele positive und negative elektrische Ladungen. Nimmt es Elektronen auf, d. h. verbindet es sich, wenn wir bei der üblichen chemischen Ausdrucksweise bleiben wollen, mit weiteren Elektronen, so ladet es sich dadurch negativ auf und wird zu einem ein-, zwei- usw. wertigen negativen Ion. Gibt es Elektronen ab, so bekommt es positive Ladung, und es entstehen ein-, zwei- usw. wertige positive Ionen. Z. B. enthält das Ion $Cu^{\cdot\cdot}$ nicht 29 Außenelektronen wie das neutrale Kupferatom (in dessen Kern der Ordnungszahl 29 des Kupfers entsprechend 29 freie positive Ladungen anzunehmen sind), sondern nur 27; es hat zwei Elektronen verloren und ist damit positiv zweiwertig geworden. In ähnlicher Weise befinden sich im Sauerstoff-Ion O'' außer den 8 Außenelektronen des neutralen Sauerstoff atoms (Ordnungszahl: 8) noch zwei weitere, im ganzen also 10; es ist negativ zweiwertig. Wie schon die Faradayschen Gesetze erkennen lassen, besteht zwischen diesen Elektronenverhältnissen und den chemischen Reaktionen der engste Zusammenhang. Offenbar kommen die chemischen Bindungen unter Mitwirkung der Elektronen zustande. In den Atomen der Edelgase, denen ja die Neigung, vielleicht die Fähigkeit zu chemischer Bindung abgeht, liegen anscheinend besonders stabile Elektronensysteme vor. Dementsprechend ist die zur Ablösung von Elektronen erforderliche Arbeit (Ionisierungsarbeit) bei den Edelgasen ungewöhnlich groß.

Ionenbildung.

Während die Kernladung der Elemente mit steigender Ordnungszahl stetig wächst, ändern sich bekanntlich das chemische Verhalten, die Strahlungsemission und manche anderen Eigenschaften, Atomvolumina usw., periodisch. Es liegt nahe, diese Tatsache durch periodische Wiederholungen in der Gruppierung der Außenelektronen zu erklären, von denen ja die genannten Faktoren abhängen dürften. Nach einer gewissen Zunahme der Ordnungszahl erscheinen wieder Elemente gleicher Wertigkeit. Die positive, d. i. die gegenüber negativen Elementen (Sauerstoff, Halogenen usw.) wirksame Wertigkeit nimmt, wenigstens in den ersten Reihen

Die periodischen Eigenschaften der Atome.

des periodischen Systems, jedesmal um 1 zu, wenn die Ordnungszahl und die dieser gleiche Zahl der Außenelektronen um 1 wachsen; nach 8 Stufen, beim Edelgas, erfolgt dann ein Umschlag, und die Wertigkeit schnellt auf 0 zurück, um weiterhin von neuem anzusteigen. Die folgende Zusammenstellung der höchsten (nicht peroxydartigen) Oxyde der zweiten Reihe des periodischen Systems zeigt diese Regelmäßigkeit deutlich: Ne^{0}, $Na_2^{I}O$, $Mg^{II}O$, $Al_2^{III}O_3$, $Si^{IV}O_2$, $P_2^{V}O_5$, $S^{VI}O_3$, $Cl_2^{VII}O_7$, A^{0}, $K_2^{I}O$, $Ca^{II}O$ usw. Man kann wohl annehmen, daß sich bei steigender Ordnungszahl neu in den Atomverband eintretenden Außenelektronen zunächst als lose „Valenzelektronen" außen anfügen, die Wertigkeit erhöhend, bis nach einer gewissen Vermehrung ihrer Zahl eine Neuordnung erfolgt.

Wenn auch manche Eigenschaften der Atome, vor allem die Wertigkeit, hauptsächlich von den äußersten und lockersten „Valenzelektronen" bestimmt werden, so findet doch eine gewisse Beeinflussung des chemischen und physikalischen Verhaltens auch durch den übrigen Atombau, also durch den Atomkern und durch die von diesem abhängige Struktur der gesamten Elektronensphäre statt, wie der Wechsel der Elementeigenschaften in den Gruppen des periodischen Systems klar zeigt. Man denke z. B. an die Gruppe der Alkalimetalle: Lithium, Natrium, Kalium, Rubidium, Zäsium. Wir finden da einerseits die ausgesprochene Gruppenverwandtschaft (gleiche Wertigkeit, grundsätzliche Ähnlichkeit des chemischen Charakters, der gewöhnlichen Spektren usw.), anderseits aber auch eine sich mit steigender Ordnungszahl gesetzmäßig verschiebende Änderung vieler Eigenschaften, wie etwa der Dichten, Schmelzpunkte, Siedepunkte, aber auch des — allmählich positiver werdenden — chemischen Charakters.

Die in den Röntgenspektren (*K*-, *L*-, *M*-Serien) zum Ausdruck kommende Teilung stimmt mit der chemischen Periodizität des Systems der Elemente nicht überein. Nur beim Natrium fallen Anfang der „Röntgenreihe" (*K*-Serie) und der „chemischen Periode" zusammen. Die „Röntgenreihen" sind länger als die chemischen und überdecken diese. Man kann daraus folgern, daß gewisse Elektronengruppierungen in den inneren, für die Röntgenstrahlung maßgebenden Zonen der Elektronensphäre über weite Strecken des periodischen Systems hin erhalten bleiben.

Wenn man auch so mancherlei experimentell zu begründende Vermutungen über den Bau der Atome anstellen kann, so ist vieles und gerade sehr wesentliches noch Geheimnis. Wir wissen nichts über die Kräfte, welche die freien positiven Ladungen der Atomkerne den sonstigen Erfahrungen der Elektrostatik entgegen beieinanderhalten, wenig über Wesen und Zustandekommen der Atommasse u. a. m. Von Gewißheit ist unsere Kenntnis des Atombaus noch weit entfernt. Doch aller Schwierigkeiten ungeachtet, suchen die Physiker unermüdlich, tiefer in die Rätsel des Mikrokosmus einzudringen und dem jetzt noch nebelhaften Atombild Schärfe zu verleihen. Eine der wichtigsten Fragen, von deren Lösung die Erreichung dieses Zieles abhängt, betrifft die Struktur der Elektronensphäre, die den größten Teil des Atomvolumens beansprucht.

Früher (J. J. Thomson 1904) glaubte man, daß der positive „Atomkern" an Größe etwa dem Atomvolumen entspreche und daß sich in ihm auch die Elektronen bewegten. 1911 wurde Ruthe ford durch seine Beobachtungen über die Durchdringung der Atome durch α- und β-Strahlen zu der seitdem von der Physik angenommenen Ansicht gebracht, daß in dem zum allergrößten Teil leeren Atomraum winzige positive Atomkerne von den ebenfalls winzigen Elektronen mit ungeheurer Geschwindigkeit umkreist werden. Man sieht in den Atomen jetzt gewissermaßen „Planetensysteme". Rutherfords Atombild.

Als großer Fortschritt wird von den Physikern die Theorie des dänischen Forschers Bohr (1913) betrachtet, der das Rutherfordsche Atombild weiter entwickelte, indem er bestimmte Annahmen über die Bahnen machte, in welchen die Elektronen den Atomkern umkreisen. Bohrs Untersuchungen betrafen zunächst das einfachste Atom, dasjenige des Wasserstoffs. Es gelang hier, durch die Theorie die optischen Eigenschaften, die Entstehung der Serien des Spektrums, zu erklären. Ein ähnlicher Erfolg ließ sich bei einem anderen äußerst einfachen Atomgebilde, dem Helium-Ion $He^{\cdot}$, erzielen. Bohrs Theorie.

Bohr-Rutherfords Wasserstoffatommodell sieht folgendermaßen aus. Der winzige positive Atomkern wird von einem Elektron ähnlicher Größenordnung umkreist. Dieses Elektron kann sich nun nicht in beliebigem Abstand und mit beliebiger Geschwindigkeit um den Kern bewegen, sondern es kann nur gewisse nach der Quantentheorie zu berechnende Bahnen mit eben- Wasserstoffatommodell von Bohr-Rutherford.

falls ganz bestimmter, für jede Bahn charakteristischer Geschwindigkeit innehalten; es gibt für das Elektron gewisse Bahnen ausgezeichneter Stabilität, in welchen das „Moment" der Bewegungsgröße ein Vielfaches des „Wirkungsquantums" der Quantentheorie ist und in welchen das kreisende Elektron keine Energie ausstrahlt. Wird das Elektron durch Energieeinflüsse, z. B. thermische oder optische Impulse, Elektronenstöße u. dgl., aus seiner Bahn entfernt, so fällt es alsbald in dieselbe oder in eine andere seiner stationären Bahnen zurück. Dabei emitiert es, der Quantentheorie entsprechend, eine gewisse Energiemenge in Form von Strahlung bestimmter Schwingungszahl. Energiemenge und Schwingungszahl hängen davon ab, welche der möglichen Bahnen an dem Vorgang beteiligt sind. Beim Wasserstoff liefert die Strahlungsemission nur sichtbares und ultraviolettes Licht. Bei komplizierteren Atomen entsprechen die äußeren Elektronenbahnen der Ausstrahlung von gewöhnlichem, die inneren einer solchen von Röntgenlicht. Der Berechnung nach müssen sich die Radien der erwähnten stationären Bahnen des Elektrons im Wasserstoffatom wie die Quadrate der ganzen Zahlen verhalten, also wie 1 : 4 : 9 : 25 usw. Ohne daß hier auf die mathematische Seite oder auf sonstige Einzelheiten des Problems eingegangen werden soll, sei nur erwähnt, daß dadurch eine Erklärung für die früher besprochene, die Wellenlängen der Serienlinien im Wasserstoffspektrum wiedergebende Balmersche Formel $\lambda = 3646{,}13 \frac{m^2}{m^2-4}$ (vgl. Seite 15) ermöglicht wird, in welcher sich die Quadrate der ganzen Zahlen (m) ebenfalls befinden. Somit führt die Bohrsche Hypothese zu vollständiger Übereinstimmung zwischen Berechnung und den beobachteten spektralen Eigenschaften des Wasserstoffs. Dieser Umstand verhalf ihr schnell zu Ansehen und zur allgemeinen Annahme durch die Physik.

Nach Bohr ist die Entfernung vom Kern des Wasserstoffatoms bis zur ersten innersten stationären Bahn des Elektrons $0{,}55 \cdot 10^{-8}$ cm, bis zur zweiten Bahn das Vierfache hiervon usw. Das Elektron durchläuft die innerste Bahn in der Sekunde $6{,}2 \cdot 10^{15}$ mal, d. h. es legt sekundlich über 2000 km zurück. Denkt man sich den Atomkern auf 10 cm Durchmesser vergrößert, so würde sich das — 2 cm große — Elektron auf seiner nächsten Bahn in 1000 m Abstand befinden. Der allergrößte Teil des „Wasserstoffatoms" ist also leerer Raum!

Die Physiker nehmen an, daß die Verhältnisse auch bei den anderen Atomen grundsätzlich ähnliche sind, daß sich auch dort die Elektronen in gewissen bevorzugten Bahnen um die Atomkerne bewegen und daß ihr Wechsel zwischen den Bahnen die Strahlungsemission hervorruft. Im einzelnen gehen aber die Meinungen schon bezüglich des nächst dem Wasserstoffatom am einfachsten gebauten Heliumatoms auseinander. Die einen Forscher glauben, daß die beiden Elektronen, welche man dem Heliumatom außer dem doppelt positiv geladenen Atomkern zuschreibt, in einer Bahn kreisen; andere nehmen zwei verschiedene Bahnen an.

Der Bau der anderen Atome.

Noch weniger Sicherheit und Übereinstimmung herrschen hinsichtlich der komplizierteren Atome. Hier hat vorläufig noch die Phantasie einen Tummelplatz. Die physikalischen Grundlagen reichen bis jetzt für begründete Vorstellungen nicht aus. Man muß Betrachtungen chemischer Art heranziehen, um sich auch dort ein Bild von der Anordnung der Elektronen zu machen.

Man denkt sich z. B. mehrere Elektronenringe, die den Atomkern umkreisen. Für die ersten Elemente sollen die Zahlen der Elektronen in den einzelnen Ringen (von innen nach außen) z. B. die folgenden sein:

H 1	He 2	Li 2.1	Be 2.2	B 2.3	C 2.4	N 2.5	O 2.6	F 2.7
	Ne 2.8	Na 2.8.1	Mg 2.8.2	Al 2.8.3	Si 2.8.4	P 2.8.5	S 2.8.6	Cl 2.8.7
	A 2.8.8	K 2.8.8.1	Ca 2.8.8.2	Sc 2.8.8.3	Ti 2.8.8.4	V 2.8.8.5	Cr 2.8.8.6	Mn 2.8.8.7

Die sich in den Perioden wiederholende Zahl der äußersten Elektronen entspräche der (positiven) Wertigkeit der Elemente („Valenzelektronen"). Der äußere Ring von acht Elektronen müßte sich durch besondere Festigkeit auszeichnen und chemische Indifferenz bedingen, wie man sie an den Edelgasen beobachtet. Doch das sind, wie gesagt, nur Vermutungen, und zwar Vermutungen, welche in den chemischen Tatsachen wurzeln. Der Chemiker darf sich darum nicht wundern, wenn derartige Atomstrukturbilder mit dem chemischen Verhalten der Atome einigermaßen in Einklang stehen. Die physikalischen Erwägungen, wie sie sich z. B. auf die periodischen Veränderungen der Röntgenspektren stützen, decken sich mit den chemischen nicht immer. So glaubt Debye aus offenbar guten physikalischen Gründen, vom Natrium an einen Innenring von drei Elektronen annehmen zu müssen.

Es erscheint unter diesen Umständen überflüssig, hier auf die schon von verschiedenen Seiten gemachten Bemühungen zur

Aufstellung von Atomstrukturbildern aller Elemente einzugehen. Die Physiker, von denen allein wohl vorläufig wirklich nützliche Fortschritte in diesen Dingen erwartet werden dürften, empfinden selbst, daß die Frage noch in den Anfängen steckt. Die Einsicht, daß das Erreichte zwar erfreulich, aber doch vielfach noch unzulänglich ist, kommt in zahlreichen Versuchen zum Ausdruck, das Rutherford-Bohrsche Atommodell auf Grund der experimentellen Erfahrungen weiter zu entwickeln, durch Zuhilfenahme andersartiger Elektronenbahnen, z. B. elliptischer, sehr stark exzentrischer („kometenartiger"), abseits des Atomkerns liegender u. dgl. m. Die Atomstrukturlehre befindet sich zur Zeit kaum schon in nächster Nähe ihres Zieles, alle physikalischen und chemischen Eigenschaften der Elemente aus dem Atombau zu erklären, vorauszusagen und zu berechnen. Man muß sich dem Urteil eines Physikers (W. Kossel) anschließen, der sich besonders bemüht hat, bei seinen Arbeiten über den Bau der Atome und Moleküle physikalische und chemische Gesichtspunkte zu vereinigen. Er meint, daß die Weiterentwicklung der Atommodelle eine wichtige Aufgabe ist, „für deren Lösung sich wohl einige Grundzüge abzeichnen, die aber noch nirgends mit voller Bestimmtheit gelungen ist und für die man sich aller Indizien versichern müsse, die zu haben sind".

Die Vorstellungen, welche sich die Physik heute von der Struktur der Atome macht, erinnern übrigens merklich an den früher beschriebenen Versuch mit den auf Wasser schwimmenden Magneten. Hier wie dort haben wir eine an einer Stelle wirkende Kraft (der große Magnet; der positive Atomkern) und eine gewisse Zahl beweglicher Gebilde (die kleinen Magnete; die Elektronen), die, sich untereinander abstoßend, von jener angezogen werden und unter dem Gegenspiel dieser Kräfte bestimmte, von ihrer Zahl abhängige Anordnungen annehmen, wobei sich gewisse Gruppierungen periodisch wiederholen.

Chemische Bindung und Valenzen.

Hier soll nun noch geschildert werden, in welcher Richtung sich die Ansichten der Physiker über das Wesen der chemischen Bindung und der diese Bindung verursachenden „Valenzen", sowie über die Bildung von Molekülen aus den Atomen entwickeln. Auch dieses sind ja Fragen, mit denen sich die Chemie seit langem beschäftigt hat, ohne zu einer Klärung kommen zu können. Einige geschichtliche Erinnerungen seien vorausgeschickt.

Allbekannt ist die alte, viel befehdete und viel verteidigte „elektrisch-dualistische" Theorie der chemischen Affinität und Bindung von Berzelius. Dieser nahm an, daß es sich bei jeder chemischen Reaktion um Absättigung entgegengesetzter Elektrizitäten handele. Die reagierenden Atome oder Atomgruppen sollen elektrische Ladungen tragen und einander infolgedessen anziehen. Z. B. vereinigt sich Natrium energisch mit Sauerstoff, weil dieser stark negativ, jenes stark positiv elektrisch ist. Die Mengen entgegengesetzter Elektrizitäten sind jedoch nicht gleich groß. Im Natriumoxyd bleibt nach der Neutralisation der negativen Ladung des Sauerstoffs noch ein Überschuß von positiver Elektrizität. Er ist die Ursache, daß sich das Natriumoxyd seinerseits weiter mit negativen Liganden, z. B. mit Säureresten, vereinigen kann. Berzelius ordnete alle Elemente nach der in ihnen enthaltenen freien Elektrizität in eine „elektrochemische Reihe". Er wollte seine Theorie auch für die organische Chemie gelten lassen. Hier ergaben sich Schwierigkeiten, als nachgewiesen wurde, daß z. B. im Methan der stark elektropositive Wasserstoff glatt durch das stark elektronegative Chlor „substituiert" werden kann. Dumas stellte 1839 Berzelius' dualistischer seine „unitarische" Theorie gegenüber. Die weitere Lehre von den Affinitäten, Valenzen und Wertigkeiten (d. i. Valenzzahlen) entwickelte sich nun anfangs ausschließlich und auch weiterhin noch lange ganz überwiegend auf dem Boden der organischen, der Kohlenstoffchemie. Leider! muß man sagen. Denn wir wissen heute, daß der Kohlenstoff unter allen Elementen durch die Einfachheit und Symmetrie seiner Affinitäts- und Valenzverhältnisse eine Ausnahmestellung einnimmt. Diesem Umstande ist es zuzuschreiben, daß der Kohlenstoff fähig ist, die Riesenzahl der „organischen" Verbindungen zu bilden, daß die organische Chemie die ungeheure Menge von Verbindungen durch verhältnismäßig einfache Vorstellungen über den Molekülbau erklären und mit einfachen Hilfsmitteln (Strichvalenzen u. dgl.) formulieren konnte, daß anderseits aber die Übertragung dieser einfachen Anschauungen auf die Chemie der anderen Elemente zum Scheitern verurteilt war.

Berzelius' elektrisch-dualistische Theorie.

Unitarische Theorie.

Die „Radikal"- und „Typen"-Theorie führte die Verbindungen schematisch auf wenige Grundtypen zurück. Franklands Untersuchungen über die metallorganischen Verbindungen bildeten

Radikal- und Typentheorie.

den Ausgangspunkt für die Herausarbeitung des Valenz- und Wertigkeitsbegriffs, der Lehre von der Vierwertigkeit des Kohlenstoffs. Allmählich entwickelte sich die „Strukturchemie". Schon Anfang der sechziger Jahre bezeichnete es Butlerow als die Aufgabe des Chemikers, die Art der Atombindung im Molekül festzustellen, und führte das Wort „Struktur" im heutigen Sinne ein. Um dieselbe Zeit veröffentlichte Kekulé die ersten Strukturformeln. Man sprach von „ungesättigten" Verbindungen. 1865 brachte als denkwürdige, bahnbrechende theoretische Tat die Aufstellung der Benzolformel durch Kekulé. Einige Jahre danach betonte J. Wislicenus die Notwendigkeit, die „räumliche Lagerung" der Atome im Molekül zu ermitteln. 1877 veröffentlichte van't Hoff „La chimie dans l'espace" und begründete die Lehre vom asymmetrischen Kohlenstoffatom.

Strukturchemie.

Theorien von Kekulé, Baeyer, Thiele, Werner u. a.

Frühzeitig trat die Auffassung der Valenzen als „starrer" und „gerichteter" Kräfte in Widerspruch mit der Erfahrung. Schwierigkeiten machten sich schon bei Kekulés Benzolformel bemerkbar, die mit ihren abwechselnd einfachen und doppelten Bindungen zwischen den Kohlenstoffatomen des Sechsringes zwei isomere Orthosubstitutionsabkömmlinge verlangt, während nur ein solcher existiert. Vielerlei Hypothesen suchten zwischen Theorie und Tatsachen zu vermitteln; so Kekulés Hypothese der oszillierenden Valenzen, die jüngst von A. v. Weinberg weiter ausgebaut worden ist; die Annahme der „Tautomerie" und „Desmotropie" leicht ineinander übergehender isomerer Verbindungen; Baeyers Theorie von der „Abbiegung" der Kohlenstoffvalenzen aus der natürlichen Tetraederlage; Thieles Theorie der „Partialvalenzen", derzufolge auch nach der gewöhnlichen Absättigung der Valenzen noch Affinitätsüberschüsse bleiben können. Wenn derartige Erscheinungen in der Kohlenstoffchemie weniger hervortraten, so daß man der Beschäftigung mit ihnen lange hatte ausweichen können, so bildeten sie bei anderen Elementen die Regel. Immer mehr mußte man sich überzeugen, daß die „Affinität" der Elemente nicht in getrennten Einzelteilen wirkt und darum nicht durch gleichwertige „Valenzen" dargestellt werden kann. Claus hatte dies schon 1881 mit voller Schärfe betont. Etwa zehn Jahre später erstand auf dieser Grundlage Werners umfassende Theorie. Sie verwarf alle Gedanken über die besondere Form der Atome und über die Anordnung von Valenzen, sondern nahm die Atome als

Kugeln an und ersetzte die Einzelvalenzen durch „Bindeflächen“, deren Ausdehnung von der Art der Liganden abhängig ist. Nach Befriedigung der gewöhnlichen Valenzbetätigung eines Atoms können nach Werner infolge eines noch bleibenden Affinitätsüberschusses „Verbindungen höherer Ordnung“ entstehen, bei deren Zustandekommen und Beständigkeit auch räumliche Verhältnisse, die Grenzzahl der einem Atom unmittelbar anlagerbaren Liganden, eine wesentliche Rolle spielen.

Ausnahmestellung des Kohlenstoffs.

Der Unterschied zwischen der Chemie des Kohlenstoffs und derjenigen der übrigen Elemente beruht zum großen Teil darauf, daß die Wertigkeit des Kohlenstoffs gegenüber positiven Liganden (z.B. Wasserstoff) und gegenüber negativen Liganden (Sauerstoff, Halogenen usw.) dieselbe, nämlich vier ist, während sie bei den übrigen Elementen je nach der Art der Liganden wechselt. Nur beim Silizium finden sich ähnliche Wertigkeitsverhältnisse wie beim Kohlenstoff. Beispielsweise hat der Schwefel gegenüber Wasserstoff die Höchstwertigkeit 2 (H_2S), gegenüber Sauerstoff und Halogen aber die Höchstwertigkeit 6 (SO_3, SF_6). Umfangreiche Untersuchungen über diese Wertigkeitsverhältnisse wurden (um 1900) von Abegg und Bodländer vorgenommen. Diese Forscher wiesen darauf hin, daß die Summe der „Wasserstoff“- und „Sauerstoffhöchstwertigkeit“ immer 8 ist:

Wertigkeit der Elemente.

Höchste Wasserstoffverbindung . .	$Si^{IV}H_4$	$P^{III}H_3$	$S^{II}H_2$	$Cl^{I}H$
Höchste Sauerstoffverbindung . .	$Si^{IV}O_2$	$P_2^{V}O_5$	$S^{VI}O_3$	$Cl_2^{VII}O_7$.

Allerdings scheint diese „Abegg-Bodländersche Regel“ beim Bor, von dessen Hydriden man damals noch nichts wußte, nicht mehr zu stimmen. Die genannten Forscher bezeichneten die der kleineren Höchstwertigkeit entsprechenden, ihrer Auffassung nach „stärkeren“ Valenzen eines Elements als „Normalvalenzen“, die anderen als „Kontravalenzen“.

Das Wesen der Valenz.

Ältere Ansichten.

Mannigfache Ansichten wurden im Laufe der Zeit über das Wesen der Valenzen geäußert. Manche Forscher (Knoevenagel u. a.) meinten, daß die Gravitation daran beteiligt sei. Eigentümliche Valenzverhältnisse, wie sie z. B. beim Stickstoff vorliegen, suchte man mit der besonderen Gestalt der Atome zu erklären (C. A. Bischoff u. v. a.), oder auch mit der besonderen Lage der Valenzausgangspunkte (z. B. Hinsbergs „Valenzzentren“). Vor allem aber zog man, in Berzelius' Fußtapfen tretend, immer wieder elektrostatische Kräfte heran und erklärte Besonderheiten gewisser Reaktionen durch den mehr oder minder „positiven" oder „negativen" Charakter der beteiligten Atome und Atomgruppen. Solchen Zusammenhängen ging neuerdings z.B. Vorländer gründlich nach. Umfangreiche Arbeiten über das

Starks Hypothese.

Valenzproblem veröffentlichte im letzten Jahrzehnt Stark. Er nahm in den Atomen bestimmte, mit ruhenden „Valenzelektronen" besetzte „Valenzstellen" an, führte die „chemische Kraft" auf die Anziehung zurück, welche die Valenzelektronen gleichzeitig von den positiven Flächen ihres eigenen und von denjenigen eines fremden Atoms erfahren, und suchte die Affinitätsverhältnisse aus den in den einzelnen Fällen auftretenden „Kraftfeldern" abzuleiten.

Die neuesten Anschauungen.

Zu einer anderen Auffassung der Affinität und der Molekülbildung gelangen die Physiker jetzt auf Grund der neuen Atommodelle. Man erklärt die Neigung der Atome, sich miteinander zu verbinden, durch das Bestreben der Elektronensysteme, zu besonders stabilen Anordnungen „zusammenzufließen". Auch hier steckt alles noch in den ersten Anfängen, und die Phantasie spielt noch wesentlich mit. Doch kann man sich dem Eindruck nicht verschließen, daß sich eine Klärung der Ansichten vorbereitet. Einige Beispiele mögen veranschaulichen, wie dies geschieht.

Das Wasserstoffmolekül.

Einen gewissen Grad von Wahrscheinlichkeit besitzt wohl das auf der Grundlage des Bohrschen Wasserstoffatommodells und der Quantentheorie durch Debye konstruierte Modell des Wasserstoffmoleküls. Bei der rechnerischen Prüfung hat sich ergeben, daß es mancherlei Tatsachen gut erklärt; in einzelnen Beziehungen, z. B. hinsichtlich der Bildungswärme des molekularen Wasserstoffs, bestehen allerdings noch Widersprüche zwischen Rechnung und Befund. Bei diesem Modell ist der Valenzstrich in der chemischen Formel des Wasserstoffmoleküls H—H durch einen „einquantigen", aus 2 Elektronen (E) gebildeten Ring ersetzt, welcher auf der die beiden Wasserstoffatomkerne (H) verbindenden Achse, und zwar in deren Mitte, senkrecht steht (vgl. Abb. 15) und auf dem die beiden Elektronen im Winkelabstand von 180° rotieren. Der Abstand der Kerne berechnet sich zu etwa 10^{-8} cm, der Radius

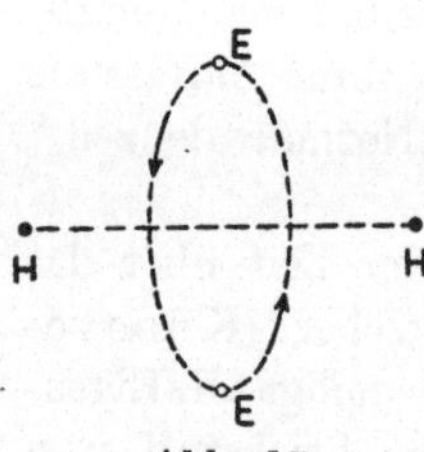

Abb. 15.

des Elektronenringes zu $0{,}5 \cdot 10^{-8}$ cm. Es erfolgt also eine „Bindung“ der beiden Atomkerne, die sich sonst wegen ihrer gleichnamigen Ladung abstoßen müßten, durch den Elektronenring. Die Bildung eines Moleküls aus zwei Wasserstoffatomen vollzieht sich in folgender Weise: Bei der Annäherung von zwei Wasserstoffatomen, die aus je einem positiven Atomkern und einem diesen umkreisenden Elektron bestehen, wird jedes Elektron vom anderen Kern angezogen und eilt infolgedessen seinem Kern voraus, bis beide Bahnen in eine zusammenfallen. Die Rechnung bestätigt die Haltbarkeit des so entstehenden Gebildes, während sie z. B. beim Helium ergibt, daß ein Molekül He—He nicht beständig sein kann.

Kossels Arbeiten.

Eine umfassendere, dem ganzen Gebiet chemischer Vorgänge geltende Theorie der Molekülbildung und der chemischen Valenz stammt von dem schon genannten Physiker W. Kossel (1916). Sie berücksichtigt zwar zunächst nur eine gewisse Seite der Erscheinungen und läßt manches wie z. B. die quantentheoretischen Beziehungen, ganz außer Betracht. Trotzdem möge sie ausführlicher behandelt werden, da sie vielleicht einen wesentlichen Fortschritt anbahnt, jedenfalls aber für den Chemiker von Interesse ist. Später erschienene diesbezügliche Arbeiten (Kohlweiler 1918, Lacomblé, Langmuir, Teudt 1919) bauen sich auf den Kosselschen Anschauungen auf und besitzen gegenüber diesen, wenigstens vom Standpunkt der Chemie, kaum Vorteile. Wegen Einzelheiten sei auf die Kosselschen Veröffentlichungen hingewiesen: „Über Molekülbildung als Frage des Atombaus“, Annalen der Physik (4) 49, 229 (1916); „Über die physikalische Natur der Valenzkräfte“, Die Naturwissenschaften 7, 339 und 360 (1919). Da sich auch die Kosselschen Anschauungen vor allem auf chemische Erwägungen, das periodische System, das von Abegg-Bodländer und Werner vorbereitete Tatsachenmaterial, stützen, darf man nicht zu sehr staunen, daß sie sich vielen chemischen Erfahrungen gut anpassen. In ihren Grundlagen decken sie sich übrigens weitgehend mit den Theorien von Berzelius und von Werner.

Die gleichpolige Bindung.

Kossel unterscheidet, wie es schon Abegg tat, zwischen „gleichpoligen“ chemischen Bindungen (z. B. H—H, N—N) und „verschiedenpoligen“ oder kürzer „polaren“ (HCl u. dgl.). Erstere sollen durch atombindende Verschmelzung von Elektronenringen zustande kommen, wie es eben am Beispiel des Wasserstoffmoleküls dargelegt wurde.

Die polare Bindung.

Die polare Bindung erklärt Kossel dadurch, daß zwischen den miteinander reagierenden, zunächst elektrisch neutralen Atomen infolge des Bestrebens, Elektronensysteme ausgezeichneter Stabilität zu erzeugen, ein Wechsel von Elektronen stattfindet, durch den elektrisch geladene Atome, „Ionen", entstehen, welche sich elektrostatisch anziehen und dadurch das Molekül bilden. Elektronensysteme ausgezeichneter Stabilität sind, wie früher schon erwähnt wurde (vgl. S. 63), offenbar die in den Atomen der Edelgase vorhandenen, wie aus der chemischen Indifferenz dieser Elemente hervorgeht. Sie enthalten wahrscheinlich (vgl. die hier noch einmal abgedruckte Zusammenstellung) Außenringe von acht Elektronen.

H 1	He 2	Li 2.1	Be 2.2	B 2.3	C 2.4	N 2.5	O 2.6	F 2.7
	Ne 2.8	Na 2.8.1	Mg 2.8.2	Al 2.8.3	Si 2.8.4	P 2.8.5	S 2.8.6	Cl 2.8.7
	A 2.8.8	K 2.8.8.1	Ca 2.8.8.2	Sc 2.8.8.3	Ti 2.8.8.4	V 2.8.8.5	Cr 2.8.8.6	Mn 2.8.8.7

Wenigstens gilt dies für die Edelgase Neon und Argon. Bei den Edelgasen höherer Ordnungszahl handelt es sich vielleicht um kompliziertere äußere Elektronenringe, die sich aber ebenfalls durch besondere Stabilität auszeichnen. Hier seien nur die einfacheren Verhältnisse der ersten Elementreihen berücksichtigt, und es sei angenommen, daß Neon und Argon in der Tat Außenringe von acht Elektronen besitzen.

Wegen der (schon vor Kossel durch van den Broek hervorgehobenen) Stabilität der äußeren Achterringe besteht bei andersgestalteten Elektronensystemen das Bestreben, durch Aufnahme oder Abgabe von Elektronen solche Ringe zu bilden. So ist das Fluoratom geneigt, sein 2, 7-Elektronenringsystem (siehe die Tabelle) durch Aufnahme eines Elektrons zu dem stabilen, im Neonatom auftretenden 2, 8-System zu ergänzen; dabei geht es in das „Fluor-Ion" F′ über. Die Aufnahme eines Elektrons bewirkt „negative Einwertigkeit", d. h. Einwertigkeit gegenüber positiven Liganden. In ähnlicher Weise ist das Natriumatom bestrebt, sein 2, 8, 1-Ringsystem durch Abgabe eines Elektrons ebenfalls in das stabile 2, 8-System zu verwandeln und dadurch in das Natrium-Ion Na˙ überzugehen; es ist „positiv einwertig". Entsprechend besteht beim Sauerstoff Neigung zur Aufnahme von zwei Elektronen, beim Magnesium zur Abgabe von zwei Elektronen, beim Stickstoff zur Aufnahme von drei Elektronen usf. Die zwischen den Edelgasen liegenden Atome können ihre Elektronensysteme sowohl durch Aufnahme als auch durch Abgabe von Elektronen stabilisieren. Z. B. kann Phosphor entweder drei Elektronen aufnehmen, negativ dreiwertig sein und sich dem Elektronensystem des Argons anpassen oder aber fünf Elektronen abgeben, positiv fünfwertig sein und dabei dem Elektronensystem des Neons zustreben; wie er sich im Einzelfalle verhält, hängt von der Art der ihm zur Reaktion dargebotenen Elektronensysteme ab. Beim Kohlenstoff, und auch noch einigermaßen beim Silizium — hier spielen aber auch andere Faktoren (z. B. der stärker positive Charakter des Atomkerns) mit —, halten sich die Neigungen zur Aufnahme und zur Abgabe von Elektronen die Wage; daher die Symmetrie der Affinitäten beim Kohlenstoff.

Auf Grund dieser Anschauungen erhält man das folgende Bild für die positiven und negativen Wertigkeiten der Elementgruppen:

	He-	Li-	Be-	B-	C-	N-	O-	F-Gruppe
Positive Wertigkeit:	0	1	2	3	4	5	6	7
Negative Wertigkeit:	0	(7)	(6)	(5)	4	3	2	1

Diese Wertigkeitszahlen stimmen mit Abeggs Haupt- und Kontravalenzzahlen überein, die übrigens Drude schon vor 15 Jahren ähnlich erklärt hatte. Es ist zu bemerken, daß eine negative Wertigkeit von mehr als vier in Wirklichkeit nicht aufzutreten scheint.

Kehren wir nun noch einmal zum Fluor und Natrium zurück. Bringt man diese beiden Atome miteinander zur Reaktion, so tritt zunächst das eine lose sitzende Elektron aus dem Natriumatom (2, 8, 1-Ringsystem) in das Fluoratom (2, 7) über. Es bilden sich dadurch die Ionen $Na^{\cdot}$ und F', welche beide die stabilen 2, 8-Ringsysteme enthalten. Diese Ionen ziehen sich nun elektrostatisch an und lagern sich zum Natriumfluoridmolekül oder bei größerer Zahl zum Natriumfluoridkristall aneinander. Der neu entstandene Ring von acht Elektronen bewirkt hier und in ähnlichen Fällen die chemische Bindung, wie weiter unten an zwei Beispielen (HCl, CaO) erläutert werden soll.

Ähnlich lassen sich kompliziertere Molekülbildungen erklären. Z. B. enthält das Schwefelsäuremolekül H_2SO_4 vier negativ zweiwertige Sauerstoffatome, die im ganzen acht Elektronen aus anderen Atomen aufgenommen haben, nämlich sechs aus dem positiv sechswertigen Schwefelatom und zwei aus den beiden positiv einwertigen Wasserstoffatomen.

Derartige Annahmen machen begreiflich, daß sich die stärkst polaren, chemisch besonders aktiven Elemente in unmittelbarer Nachbarschaft der Edelgase finden, wie es im ganzen Bereich des periodischen Systems der Fall ist.

Die Stärke der Bindung. Die Vereinigung der Atome zu einer polaren Verbindung vollzieht sich also nach Kossel in den zwei Stufen: 1. Elektronenaustausch, 2. elektrostatische Aneinanderlagerung der entstehenden Ionen. Zur Bildung eines elektrisch neutralen Moleküls müssen die freien positiven und negativen Ladungen in gleichen Beträgen vorhanden sein, so daß sich scheinbar „die positiven und negativen Valenzen absättigen". Die Höhe der Aufladung durch die Elektronenabgabe oder -aufnahme bestimmt die Anziehungskraft, welche ein Ion auf ein anderes ausüben kann, und auch die Arbeit, welche zur Trennung der beiden notwendig ist.

Außer von der Größe der elektrischen Ladungen hängt die Festigkeit, mit der Ionen aneinander haften, noch von den Volumina der Ionen ab. Ein kleines Ion bestimmter elektrischer Ladung läßt andere Ionen näher an den Schwerpunkt seiner elektrischen Ladung heran, als es ein größeres Ion bei gleicher elektrischer Ladung vermag. In dieser Beziehung nimmt das Wasserstoff-Ion $H^{\cdot}$ eine Ausnahmestellung unter allen für chemische Reaktionen in Betracht kommenden Ionen ein: Als elektronenloser Atomkern ist es[1]) von viel kleinerer Größenordnung (10^{-12} cm) als die übrigen Ionen (Größenordnung: 10^{-8} cm), deren Kerne von Elektronen umgeben sind. Es besitzt daher nach Kossel eine „Bindefestigkeit", die etwa derjenigen eines doppelt positiv geladenen Ions mittlerer Größe gleichkommt. So erklärt sich z. B. die auffallend große Beständigkeit des Hydroxyl-Ions OH'.

Mit diesen Betrachtungen kommen wir zu dem für den Chemiker interessantesten Teil der Kosselschen Arbeit, der Erörterung und Berechnung der bei gewissen Reaktionen zu erwartenden elektrostatischen Anziehungskräfte. Es ergibt sich dabei eine Übereinstimmung zwischen Theorie und Erfahrung, welche befriedigen kann, wenn man berücksichtigt, daß von Kossel für

[1]) Das als α-Teilchen auftretende Helium-Ion $He^{\cdot\cdot}$ ist ihm vergleichbar, spielt ja aber bei den gewöhnlichen chemischen Vorgängen keine Rolle.

diese ersten vorläufigen Erwägungen verschiedene vereinfachende Annahmen gemacht werden mußten. Kossel setzt voraus, daß ein Atom wegen der schnellen Bewegung seiner Elektronen nach außen hin in elektrischer Hinsicht sehr gleichmäßig wirkt und daß daher auch die aus der Ladung eines Ions entstehenden Anziehungskräfte gleichmäßig verteilt sind. Er verlegt dementsprechend den elektrostatischen Anziehungsschwerpunkt in die Mitte der kugelförmig gedachten Ionen. Er rechnet — wie es schon Werner tat — mit „Zentralkräften“, nicht mit Einzelkräften, und vernachlässigt zunächst die elektrodynamischen (magnetischen) Kräfte, welche in den Atomen und Molekülen mit ihren bewegten Elektronen auftreten müssen und nicht ohne Einfluß auf die Stabilität der Atombindungen sein können.

Die Bindefestigkeit der Molekülbestandteile und dementsprechend auch die für die Zerlegung des Moleküls notwendige Dissoziationsarbeit hängen also nach Kossel von der Ladung und vom Radius der aneinanderhaftenden Ionen ab. Bei den folgenden schematischen Darstellungen verschiedener Moleküle bedeuten die kleinen Kreise mit dem eingeschriebenen „+“ die kleinen Wasserstoff-Ionen, die größeren Kreise mit eingeschriebenem „—“ die anderen viel größeren (weit mehr, als es die Zeichnung andeutet) Ionen mit verschiedenen freien negativen Ladungen.

I II III IV

Aus dem oben Gesagten folgt, daß das einzelne Wasserstoff-Ion bei I wegen der dreifachen negativen Ladung des Zentral-Ions fester gebunden ist als bei II, wo das Zentral-Ion nur zwei negative Ladungen trägt; bei II wiederum fester als bei III, einer Verbindung zwischen einem Wasserstoff-Ion und einem negativ-einwertigen Ion gewöhnlicher Größe. Im letzten Falle ist aber die Bindung des Wasserstoff-Ions fester als bei einem größeren negativen Ion derselben Ladung (IV).

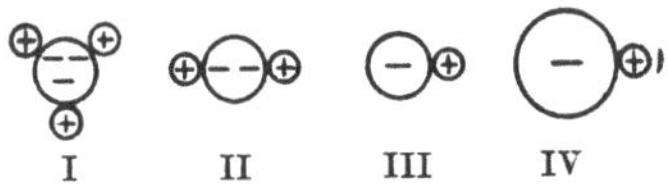

Bildung komplexer Moleküle.

Ein Molekül, welches als Ganzes neutral ist, kann sich nochmals mit einem anderen neutralen Molekül zusammenlegen, sofern gewisse Voraussetzungen erfüllt sind. Diese Kosselsche Theorie der Bildung „komplexer“ Moleküle deckt sich in ihren Grundlagen mit der Wernerschen Theorie, jedoch gestattet sie, weitergehende Folgerungen quantitativer Art zu ziehen. Ein einfaches Beispiel der Komplexbildung ist die Entstehung des

Ammoniumchlorids NH_4Cl aus Ammoniak NH_3 und Chlorwasserstoff HCl. Das folgendeSchema veranschaulicht das NH_4Cl-Molekül. Man sieht: alle vier Wasserstoff-Ionen sind gleichartig an das zentrale Stickstoff-Ion N''' gebunden. Wenn in der Zeichnung eines der Wasserstoff-Ionen dadurch ausgezeichnet zu sein scheint, daß es sich gerade zwischen dem Stickstoff-Ion und dem Chlor-Ion befindet, so liegt dies nur an der Unvollkommenheit der zeichnerischen Darstellung, welche die Bewegung der Molekülbestandteile nicht wiedergeben kann. Die Wasserstoff-Ionen, und zwar auch das ursprünglich dem Chlorwasserstoffmolekül HCl angehörende Ion, haften wegen der dreifachen Ladung des Ions N''' fester an diesem als an dem nur einwertigen Ion Cl'. Die Dissoziation, welche eintritt, wenn das Molekül NH_4Cl in das stark dielektrische Wasser hineingebracht wird, vollzieht sich daher nach der Gleichung $NH_4Cl \rightarrow NH_4^{\cdot} + Cl'$, d. h. das Ion Cl', welches im NH_4Cl-Molekül der abstoßenden Wirkung der drei negativen Ladungen des Ions N''' unterworfen ist, trennt sich von dem Reste $NH_4^{\cdot}$.

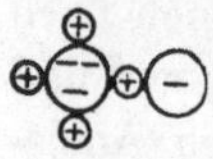

Die Nichtmetallhydride. In Übereinstimmung mit der Erfahrung läßt diese Betrachtungsweise voraussehen, daß besonders diejenigen Atome zur Komplexbildung befähigt sind, welche auf nahe Atome möglichst große Anziehungskräfte ausüben können, d. h. Atome mit großer elektrischer Ladung und mit kleinem Volumen. Von diesem Gesichtspunkte aus erklären sich unschwer viele an wässerigen Lösungen zu beobachtende Erscheinungen aus der Stellung des Wassers zu den übrigen Nichtmetallhydriden. Man betrachte die nebenstehende Übersicht[1]).

NH_3	OH_2	FH
PH_3	SH_2	ClH
AsH_3	SeH_2	BrH
SbH_3	TeH_2	JH

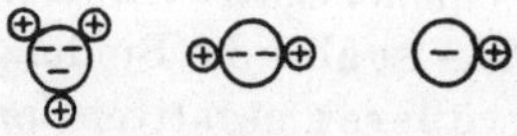

Die negativen Ladungen der Zentral-Ionen nehmen von links nach rechts, also vom N zum F, vom P zum Cl hin usw., (vgl. die Ladungsschemata unter den Formeln) ab; die Atomvolumina und somit auch die diesen gleichzusetzenden Ionenvolumina nehmen von oben nach unten, also vom N zum Sb, vom O zum Te, vom F zum J hin, zu. Daher wächst die

[1]) Der schematische Charakter dieser Darlegungen sei besonders betont. Die Bilder sollen und können nicht etwa die Atomanordnung in den Molekülen wiedergeben. Z. B. wird aus gewissen physikalischen Eigenschaften des Wassers (spezifische Wärme, Trägheitsmoment) geschlossen, daß die H-Atome im H_2O-Molekül unsymmetrisch zum O-Atom gelagert sind.

Bindefestigkeit der Wasserstoff-Ionen bei diesen Hydriden in den durch die Pfeile gekennzeichneten Richtungen; sie ist am größten im NH_3, am kleinsten im JH. Im Einklang hiermit steigert sich der, ja auf dem Abdissoziieren von $H^{\cdot}$-Ionen beruhende Säurecharakter der Hydride in den entgegengesetzten Richtungen. H_2O entzieht allen rechts und unterhalb stehenden Hydriden $H^{\cdot}$-Ion, ganz entsprechend dem oben beim NH_4Cl Ausgeführten. Z. B. entstehen aus H_2O und FH nach dem Schema I die Ionen F' und

I. $H_2O \cdot H^{\cdot}$ F' — $NH_4^{\cdot}$ OH' II.

$H_2O \cdot H^{\cdot}$, d. h. Fluor-Ion und „hydratisiertes“ Wasserstoff-Ion. Dagegen reagiert NH_3 mit H_2O nach dem Schema II und liefert die Ionen $NH_4^{\cdot}$ und OH'. PH_3 gibt die entsprechende Reaktion nicht mehr, weil Phosphor ein größeres Atomvolumen hat als Stickstoff.

Die Hydroxyde NaOH, $Mg(OH)_2$ usw.

Ein lehrreiches, etwas komplizierteres Beispiel bietet das Verhalten der Hydroxyde NaOH (Natriumhydroxyd), $Mg(OH)_2$ (Magnesiumhydroxyd), $Al(OH)_3$ (Aluminiumhydroxyd), $Si(OH)_4$ (Orthokieselsäure), $PO(OH)_3$ (Orthophosphorsäure), $SO_2(OH)_2$ (Schwefelsäure) und $ClO_3(OH)$ (Perchlorsäure). Die folgenden Bilder zeigen die Ladungsschemata der genannten Moleküle. Es gibt hier zwei Dissoziationsmöglichkeiten, nämlich 1. Spaltung zwischen positivem Zentral-Ion und Sauerstoff-Ion, d.h. Abdissoziieren von Hydroxyl-Ion OH'; 2. Spaltung zwischen Sauerstoff-Ion und Wasserstoff-Ion, d. h. Abdissoziieren von Wasserstoff-Ion $H^{\cdot}$. 1. entspricht basischer, 2. saurer Funktion der Verbindung. Infolge der vom Na zum Cl hin wachsenden positiven Ladung des Zentral-Ions wird das O''-Ion immer fester, das $H^{\cdot}$-Ion immer weniger fest gebunden: der Säurecharakter nimmt also

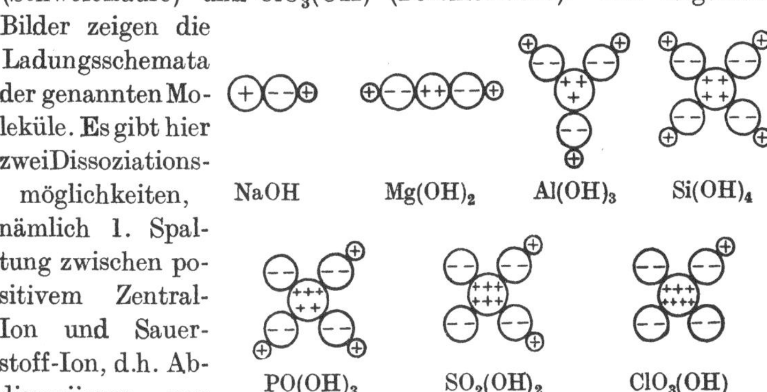

Berechnung der Dissoziationsarbeiten.

in dieser Richtung zu. Kossel hat dieses Beispiel zu einer quantitativen Prüfung seiner Theorie benutzt und die für die Abdissoziation von OH' bzw. $H^{\cdot}$ aus den einzelnen Molekülen notwendigen Dissoziationsarbeiten nach den Regeln der Elektrostatik berechnet. Der Einfachheit halber setzte er hierbei die Radien aller übrigen Ionen gleich, den Radius des Wasserstoff-Ions $H^{\cdot}$ nahm er als verschwindend klein an; als Einheit der Dissoziationarbeit wählte er die Arbeit, welche zur Trennung zweier einwertiger Ionen vom angenommenen Radius erforderlich ist. Die graphische Darstellung (Abb. 16) läßt die Resultate gut überblicken; die punktierte Linie bezeichnet die für die Spaltung des Wassermoleküls in OH' und $H^{\cdot}$ berechnete Dissoziationsarbeit. Große Genauigkeit kann diese rechnerische Behandlung des Problems wegen der dabei gemachten vereinfachenden Voraussetzungen von vornherein nicht versprechen. Jedoch steht der Verlauf der Kurven im wesentlichen im Einklang mit den Tatsachen, wie sie dem Chemiker vertraut sind. Beim Natriumhydroxyd z. B. ist die Dissoziationsarbeit für die Abspaltung von OH' nur halb so groß wie diejenige für die Abtrennung von $H^{\cdot}$; NaOH muß darum mit Wasser eine basische Lösung geben. In der Mitte schneiden sich die beiden Kurven: in dieser Gegend werden die Dissoziationsarbeiten für die Ablösung von OH' und $H^{\cdot}$ einander ähnlich, die Verbindungen nehmen einen „amphoteren“, zwischen Säure und Base schwankenden Charakter an, wie dies dem Chemiker besonders von der Chemie des Aluminiums her bekannt ist.

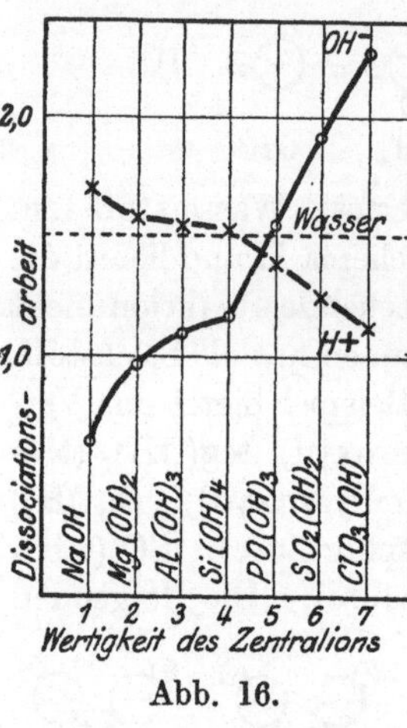

Abb. 16.

Genaue Übereinstimmung mit der experimentellen Erfahrung kann, wie gesagt, bei dieser primitiven Rechnungsweise nicht erwartet werden. Trotzdem darf der gelungene Versuch Kossels, chemische Kräfte auf Grund einfacher elektrostatischer Voraussetzungen zu berechnen, als ein erster vielverheißender Schritt begrüßt werden. Er spricht durchaus für die Richtigkeit der alten Berzeliusschen Anschauung, daß die elektrostatischen Wirkungen zur Erklärung der chemischen Affinität ausreichen.

Wie Werner nimmt auch Kossel eine auf räumliche Ursachen zurückzuführende begünstigte Zahl für die sich einem Ion unmittelbar anlagernden Liganden an.

Molekülbilder.

Abb. 17 zeigt an einigen Beispielen, wie nach Kossel die Molekülstruktur durch Zusammenfließen der äußersten Elektronenringe und durch Orientierung des entstehenden Gebildes entsprechend den elektrischen Ladungen zustandekommt. Der äußere Achtelektronenring des Argons findet sich in den Molekülen des Chlorwasserstoffs und des Kalziumoxyds wieder (bei der schematischen Darstellung sind nur die aus den Valenzelektronen gebilde-

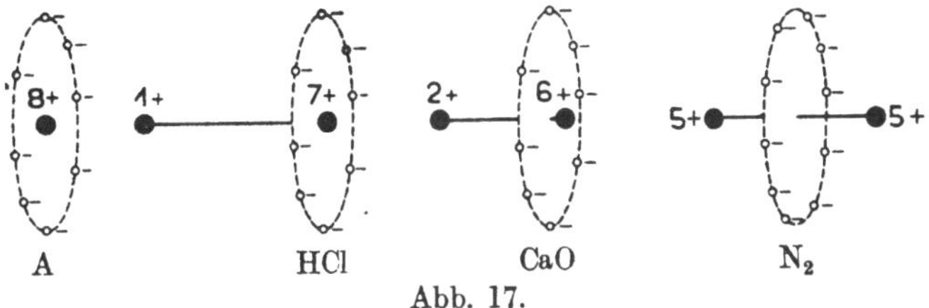

Abb. 17.

ten Achterringe berücksichtigt) und bewirkt gewissermaßen die Bindung zwischen den positiv geladenen übrigen Atomstücken. Aus den elektrostatischen Verhältnissen berechnet Kossel, daß der Elektronenring beim Chlorwasserstoff, um zwischen den freien positiven Ladungen 1(H) und 7(Cl) im Gleichgewicht zu sein, nur ganz wenig, um noch nicht ein Hundertstel des Abstandes der beiden Atomkerne, vom Chlorkern abrücken muß.

In Abb. 17 ist auch das Kosselsche Modell des Stickstoffmoleküls als Beispiel für ein „gleichpoliges" Molekül wiedergegeben. Kossel nimmt in den stabilen Elektronenringen beim N_2 10, beim O_2 12, beim Cl_2 14 Elektronen an; die Analogie mit den Edelgasen soll bei Elektronengebilden, welche symmetrisch zwischen zwei Kernen schweben, nicht mehr anzuwenden sein. Mit derartigen Spekulationen entfernt man sich wieder vom Boden des Experiments. Es ist daher begreiflich, wenn die Ansichten der Physiker hier auseinandergehen und wechseln. Z. B. besteht nach Sommerfeld das Stickstoffmolekül optischen Erwägungen zufolge aus zwei Stickstoffatomkernen mit je sieben freien positiven Ladungen. Jeder der Kerne wird von vier fest gebundenen Elektronen umkreist. Beide Kerne werden durch einen zwischen ihnen kreisenden Ring von sechs lockereren Elektronen in einem bestimmten Abstand gehalten. — Immerhin behält auch dieses Molekülmodell die Vorstellung eines verbindenden Elektronenringes bei. Im Gegensatz hierzu schließen Debye und Scherrer aus ihren Röntgenphotogrammen, daß es beim Diamant keine Elektronenringe sein können, welche die Bindung der einzelnen Kohlenstoffatome bewirken. — Zur Klärung dieser Fragen muß zuvörderst das experimentelle Material noch weiter ausgenutzt und vermehrt werden. Erfreulicherweise fehlt es der Physik hierfür nicht an Wegen. Vom näheren Studium der Kristalle, in denen man nach den neuesten Forschungsergebnissen die Anwesenheit von Ionen — ohne den störenden Einfluß eines Lösungsmittels oder dergleichen — anzunehmen hat, von der Verwertung gewisser Konstanten, wie z. B. der Kompressibilitäten, von der eingehenden Erforschung der Atomeigenschwingungen, der Röntgenstrahlstreuungen und vielem anderen sind wertvolle Aufschlüsse zu erhoffen.

Rückblicke und Ausblicke.

So sehen wir die Ultra-Strukturchemie in vollster Entwicklung begriffen.

Die Radiochemie bietet ein schon einigermaßen abgerundetes Bild, obgleich auch hier noch große, ja die größten Aufgaben ihrer Lösung harren. Was sie bereits erreichte und wie schnell sie ein zuvor unbekanntes und dunkles Gebiet zu erhellen verstand, muß uns mit höchster Bewunderung erfüllen. Es ist ein glänzender Beweis für die Leistungsfähigkeit der heutigen wissenschaftlichen Methodik. Dies gilt nicht minder für die jugendliche Röntgenoptik. Durchaus neue Probleme wurden durch viele Forscher, die daran in den verschiedensten Ländern zielbewußt, einander unterstützend und ergänzend, arbeiteten, in kürzester Zeit aufgeklärt und mit anderen Wissens- und Forschungsgebieten verflochten.

Die Lehre von der Struktur der Atome und Moleküle ist noch nicht so weit. Zwar muß man auch hier staunen, wie menschlicher Scharfsinn den Schlüssel zu Geheimnissen des Mikrokosmus fand, welche noch vor wenigen Jahrzehnten unerreichbar schienen. Aber das Ziel, für alle Elemente Atomstrukturbilder aufzustellen, aus denen sich die Eigenschaften ableiten lassen wie etwa die chemischen Eigenschaften einer komplizierten organischen Verbindung aus der Strukturformel, dieses Ziel liegt wohl noch in weiter Ferne. Es sieht so aus, als ob aus dem Kampf der Meinungen über die theoretische Deutung des experimentellen Materials ein Atommodell siegreich hervorgehen will. Dieses Atommodell dürfte immer komplizierter werden, je länger die Physik in der heutigen Weise daran arbeitet. Wird es Sieger bleiben? Vielleicht gelingt es einem Kopernikus der Atomplanetensysteme, mit neuartigen kühnen Gedanken die verwickelten Vorstellungen zu vereinfachen. Doch allzu wahrscheinlich ist dies nicht. Die neueste Geschichte der Naturwissenschaften läßt erkennen, daß die Forschung jetzt dank ihrer ausgebildeten Methodik und dank der großen Zahl geschulter Jünger und Kritiker ihren Weg meist stetig emporsteigt und es selten nötig hat, wieder umzukehren.

Der Löwenanteil am weiteren Ausbau der Ultra-Strukturchemie dürfte auch fernerhin den Physikern zufallen. Nur von der Anwendung der feinsten physikalischen Hilfsmittel lassen sich vorläufig experimentell gestützte Fortschritte erwarten, z. B. von der Erweiterung der optischen, insbesondere der röntgenoptischen Verfahren, von der Bearbeitung des spektralanalytischen Materials mittels der Quantentheorie, von der Erschließung des Strahlungsgebiets zwischen den Röntgen- und ultravioletten Strahlen, von der Nutzbarmachung der Dispersion für die Erforschung der lockersten Elektronen, vom weiteren Studium der elektrischen und magnetischen Beeinflussung der Elektronen, von der Heranziehung des thermodynamischen Beobachtungsmaterials usw. Der Aufgaben sind überviele. Kann sie die Zukunft lösen? Wird die nötige Zahl berufener, geduldiger und selbstloser Forscher zur Verfügung stehen wie bisher? Werden sie Muße und Möglichkeit zu ihrer Arbeit finden in einer Zeit, da die Menschheit selbstsüchtig gegen schon erreichte Fortschritte wütet? Oder sollen die Ergebnisse der Forschung als unvollendetes Wahrzeichen einer glänzenden Blütezeit der Wissenschaft versteinern, um einer späteren Wiederbelebung entgegenzuschlafen?

Die Chemiker müssen sich, soweit sie nicht zugleich Physiker sind, bei der Bearbeitung dieser Dinge, die sie so nahe angehen, zunächst zurückhalten, wenn ihnen das Herz auch blutet. Wie verführerisch es ist, Atom- und Molekülmodelle am Schreibtisch zu konstruieren, dafür liefert die neueste Literatur schon viele, allzu viele Beispiele. Und doch ist dies vorläufig, da man darauf bedacht sein muß, erst das experimentelle Material zu mehren, ein zweckloses Tun. Es bedeutet den Rückschritt von Baeyer zu Aristoteles! Es bedeutet Arbeitsvergeudung, wie all der Eifer Arbeitsvergeudung war, mit dem man den Rätseln des periodischen Systems am Schreibtisch beizukommen suchte. Darum sollen doch keineswegs alle Strukturfragen von der Chemie vernachlässigt werden. Man muß A. v. Weinberg beipflichten, der sagt, „mit dem Weiterausbau der organischen Strukturchemie dürfe nicht auf die Lösung des Problems der feinsten Elektronenstruktur der Atome gewartet werden“. Voraussichtlich wird noch lange Zeit verstreichen, ehe die praktische Chemie aus der Ultra-Strukturchemie Gewinn ziehen kann. Die Chemiker haben augenblicklich noch keine Veranlassung, von ihrer bewährten, eingestandenermaßen rein formalen Ausdrucks- und Darstellungsweise der Affinität, der Valenzen und Wertigkeiten abzugehen; sie können sich ruhig wie bisher der Valenzstriche, der Anlagerungsklammern usw. bedienen.

Doch vermag auch die reine Chemie bei diesen Fragen der Physik wirksam in die Hände zu arbeiten, wenn sie sich der Ergänzung und Sichtung des für die chemische Charakterisierung der einzelnen Elemente nötigen experimentellen Materials widmet. Läßt man den Kohlenstoff beiseite, so gibt es in dieser Beziehung noch außerordentlich viel zu tun. Z. B. sind wir über die Affinitäts- und Wertigkeitsverhältnisse der anderen Nichtmetalle höchst unzulänglich unterrichtet. Daß hier manches bisher Versäumte nachzuholen ist, konnte ich in den letzten Jahren an den Beispielen der Bor- und Siliziumchemie zeigen.

Die glänzende Entwicklung der Theorie darf nicht zur Verachtung der geduldigen Experimentierarbeit verleiten. Der experimentelle Fortschritt, sei er noch so klein, ist etwas Dauerndes; auch heute gilt das Wort des Lionardo da Vinci: „Das Experiment irrt nicht, sondern es irren nur eure Urteile.“ Der Wert der Theorien soll nicht überschätzt werden, mögen diese auch noch so sehr bestechen und psychisches Wohlgefallen erregen. Gar oft ist es alter Wein in neuen Schläuchen! Der wahre Wert neuer Theorien läßt sich allein an ihren praktischen Erfolgen messen, zumal daran, wie weit sie Unbekanntes finden helfen und sich quantitativ-rechnerisch verwenden lassen. H. Kopp, der klaren und kritischen Blickes die Wege nachwandelte, welche die Chemie gegangen ist, schrieb einst: „Aus der Geschichte der Chemie lernen wir das eigentliche Verdienst wissenschaftlicher Leistungen besser beurteilen; durch sie gelangen wir zu der Überzeugung, daß jede Arbeit, die Aufstellung jeder Ansicht, sei sie noch so vollkommen für die Zeit ihres Entstehens, nur eine Vorarbeit für eine spätere bessere Erkenntnis ist ... Daß die beste Leistung diejenige ist, welche in sich den Keim einer neuen, ihr vorzuziehenden, trägt.“ So wird es auch weiterhin bleiben. Darum hielt ich es für nützlich, auch bei diesem kurzen Bericht dem Geschichtlichen einigen Platz einzuräumen.

Zur näheren Unterrichtung über die behandelten Gebiete eignen sich für denjenigen, welcher sich nicht in die Originalarbeiten vertiefen kann, außer den Seite 69 erwähnten Kosselschen Veröffentlichungen etwa folgende, teilweise auch für den vorstehenden Bericht benutzte Schriften:

Fajans, Radioaktivität und die neueste Entwicklung der Lehre von den chemischen Elementen. 2. Aufl. Braunschweig 1920.

Graetz, Die Atomtheorie in ihrer neuesten Entwicklung. 2. Aufl. Stuttgart 1920.

Henrich, Chemie und chemische Technologie radioaktiver Stoffe. Berlin 1918.

Henrich, Theorien der organischen Chemie. Braunschweig 1918.

Herz, Moderne Probleme der allgemeinen Chemie. Stuttgart 1918.

Mecklenburg, Die experimentelle Grundlegung der Atomistik. Jena 1910.

Perrin-Lottermoser, Die Atome. 2. Aufl. Dresden 1920.

Soddy, Die Chemie der Radio-Elemente. Leipzig 1912, 1914.

The Svedberg, Die Materie. Leipzig 1914.

Druck der Spamerschen Buchdruckerei in Leipzig.